中小学生最爱的
科普丛书

动物的故事

DONGWU DE GUSHI

田 雨编

ARCTIME 时代出版
时代出版传媒股份有限公司
安徽科学技术出版社

前言

FOREWORD

在人类身边生活着一群特殊的朋友，它们就是形形色色的动物。这些动物和人类共同分享着地球上的空间，它们有的生活在水里，有的生活在陆地上，有的还能在天空中翱翔。它们从最初的单细胞发展到现在的多种多样，也是经历了一个相当长的历史过程。

不同种类的动物由于所处的自然环境不同，具有不同的生理和生活习性。它们生活在远离人类聚集区的草原、丛林、海洋等地方。通过对这本书的阅读，读者可以真正走进这些动物的生活，体验动物群体中的团结协作、动物母亲和动物宝宝间的爱护和依赖以及动物在生存空间和食物上的争夺之战。

我们所讲述的是一个个真实、有趣、鲜活的动物故事。我们展现在读者面前的是一个生动、自然、形象的动物世界。掀开挡在读者与动物之间的屏障，拉近动物和人类间的距离，使读者能够身临其境地感受到动物的生活，这就是我们编撰这本书的最大心愿！

目录

CONTENTS

地球上的动物

2 从海洋中走来

4 生物的进化

6 古老的统治者——恐龙

8 远古的遗迹——化石

10 身体的秘密

12 伪装专家

14 捕食技巧

16 动物与环境

18 集体生活

20 动物与人

水里的动物

24 古老而简单的生命

26 腔肠动物

28 软体动物

30 棘皮动物

32 鱼类

34 软骨鱼类

36 水中的哺乳动物

38 海星

40 珊瑚

42 螃蟹

44 虾

46 鲨鱼

48 海葵

50 金鱼

52 扇贝

54 蝴蝶鱼

56 鲸

58 海豚

60 海狮

62 海龟

陆地上的动物

66 蛙家族

68 陆地上的龟

70 蛇的家族

72 蜥蜴

74 壁虎

76 变色龙

78 鳄鱼

80 地球上的昆虫

82 建筑大师——白蚁

84 蜜蜂

86 蝴蝶

88 蜻蜓

90 金龟子

92 螳螂

94 蚂蚁

96 瓢虫

98 蜘蛛

100 哺乳动物

102 身边的宠物

104 狼

106 老虎

108 豹家族

110 狮子

112 大象

114 长颈鹿

116 大熊猫

118 袋鼠

120 考拉

122 猩猩家族

124 狒狒

空中的动物

128 鸟类大家族

130 企鹅

132 鹦鹉

134 犀鸟

136 火烈鸟

138 鸵鸟

140 鸽子

142 信天翁

144 隼

146 戴胜

148 白头海雕

150 金雕

152 鸸鹋

动物的故事
Dongwu de gushi

地球上的动物

从海洋中走来

千姿百态的动物世界带给地球这个行星无限的生机。这些动物是如何产生的？这个问题就好像谜一样困扰着人类，早期的人类有着各种各样的猜想。

三叶虫

有一种观点认为，是上帝创造了世间万物。说是在大约6 000多年前，上帝创造了一个男人和一个女人，分别叫做亚当和夏娃，之后才创造出了其他的生物。这种神话故事没有科学依据，显然不能以理服人。在《埃及神话》中，是神的呼唤惊醒了人类。早在人类出现之前，就有一个全能的神存在，是他的一声声呼唤创造了世间万物。他说："苏比！"天地间就有了风；他说："泰富那！"天空就下起了雨；他又说："哈比！"于是一条大河从埃及流过，滋润了万物，这就是尼罗河……当他喊道："男人和女人！"埃及城内就出现了很多人。

另有观点认为，生命是在地球发展过程中由非生命物质转化而来的。当然是需要经过一定的历史时期，也需要具备一定的条件才可以。古时候有"腐草化萤""汗液生虱"的说法，这种说法认为非生命物质可以直接转化为生物。但这些也都是没有科学依据的说法，只是把现象当做本质的结果。生命物质的产生，不是非生命物质骤然间作用的结果，而是一个相当长的历史过程。

但这些说法都不足以服人，人们需要的是一个科学的解释，而不仅仅是众多的猜测。1952年，美国化学家米勒做了著名的米勒试验，为地球上生命的起源提供了可靠的科学依据。他制备了和原始大气相似的混合物，将甲烷、氨、水蒸气、氢气等混合放入一个消过毒的真空玻璃仪器。之后，模仿原始地球闪电连续进行火花放电。就这样，在8天之后，终于得到了一些大分子：甘氨酸、丙氨酸和少量的天冬氨酸和谷氨酸等重要的氨基酸，它们都是构成蛋白质的重要物质。著名的"米勒试验"验证了无机物在一定条件下是可以转化成有机物的。

偶然事件

地球上生命的产生和进化是由一系列偶然发生的事件拼接在一起的。生命的诞生和演化都是需要具备一定的特殊条件的，只有这些条件同时具备时，才有可能出现生命物质，生物世界才能一步步发展成现在的样子。

有机物是生命体的主要组成物质，一切有机物都是由碳、氧、氢和氮等元素构成的化合物。地球的原始大气中会有大量的碳、氢、氧、硫等元素。当时，地表温度很高，这些元素经过漫长的过程化合成了简单的有机物。这些有机物汇合到了原始海洋，强烈的太阳辐射带来大量的紫外线和其他宇宙射线，海洋中的有机物分子变得越来越复杂。直到最后，在某种条件下形成了一种特殊的有机分子，这个分子能够把较简单的分子组成与它自身相同的另一个分子。这就意味着，原始的生命物质产生了。

生物的进化过程

发展到现在，人们经过统计，地球上大约有 150 多万种动物，30 多万种植物和十几万种的微生物。但是在 30 多亿年前，地球上还是一片寂静，没有丝毫生命的迹象。生命虽然以不同的形式存在着，像是动物、植物、微生物。但同样作为一个生命，它们具有共同的特点，它们都是由细胞构成的，对外界环境具有一定的适应能力，对来自外界的刺激也有感应和反应的能力。此外，它们都具有一个生长、发育、繁殖、衰老和死亡的过程。也就是说，新陈代谢和繁殖后代的能力，是所有生命都具有的。

生物的进化

哺乳动物中的灵长类是原始人类的祖先。在从猿到人的转化中，劳动起到了极其重要的作用，人类逐步由野蛮走向文明。

自然界的动物不是本来就有的，它们的发展经历了一个从无到有、从少到多、从简单到复杂、从低级到高级的复杂过程，生物学上把这种漫长的发展变化叫做“进化”。动物的进化是由自然环境的变化引起的，这个过程不是一帆风顺的，而是曲折和渐进的。

在近代科学诞生之前，“神创论”和“物种不变论”一直为当时的人们所普遍认同。瑞典植物学家林耐（1707 ~ 1778）就认为物种是上帝所创造的，并且不可改变。1859 年，英国著名生物学家达尔文在他的巨著《物种起源》中首开先河提出了进化论的观点：数百万年来，动植物都处于不断的发展变化中，大自然优胜劣汰，适者生存。而后，又有科学家对达尔文的理论作了研究和深化。他们认为，地球上的生物在最初的时候都是一个共同的祖先。在不断的进化过程中，各个物种才产生了分支。这些物种也按照优胜劣汰，适者生存的法则在不断地向前发展。

从爬行动物分化出来的哺乳动物，体青无鳞片，长出了耳朵和毛发

爬行动物已完全适应陆地生活，成为陆地真正的“主人”

无细胞结构的最原始生物诞生在原始海洋中。它们的诞生主要归功于原始的地球环境。原始大气中存在着大量的甲烷、硫化氢、氨和氢气等还原性物质。当时的地球处于一个高温高压的环境，在雷电的作用下，无机物合成了有机物，原始的生命物质诞生。慢慢地，细胞结构形成，原核生物进化为真核单细胞生物。第一个有生命的细胞，大

由鱼类进化来的两栖动物，是为适应陆地生活而改变的，身体出现了四肢和肺，但不能完全远离水域

距今 3.6 ~ 4 亿年前的泥盆纪，有些鱼类动物具有了真正的脊椎，这是动物进化史上的一次重大变革

约是在 36 亿年前。从这时起，生物开始出现了分化，向真菌界、植物界和动物界分化。就动物界来说，原始鞭毛虫向多细胞动物进化，之后又出现了脊索动物，进而演化出高等脊索动物——脊椎动物。随着时间的发展，各个脊椎动物所处的环境不同，它们中又开始了新的分化。鱼类、两栖类、爬行类……原始生物就这样一步步向今天走进。此后，更高级的哺乳动物和鸟类出现。其中，哺乳动物中的一支向更加高级的阶段进步，逐渐发展成具有高等智慧的生物，也就是人。

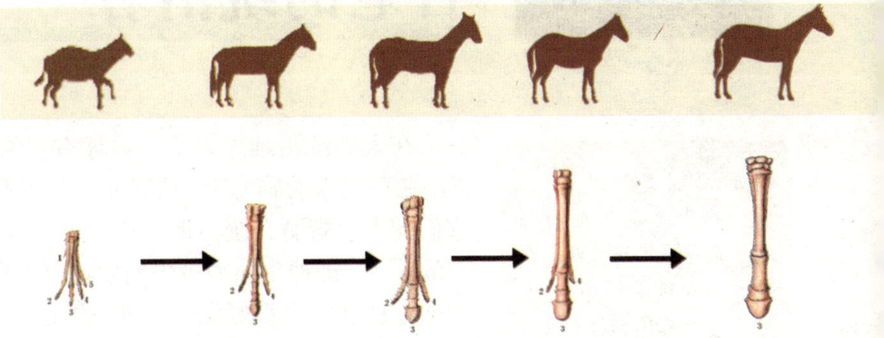

始祖马进化图

动物的进化是一个从水生到陆生、从简单到复杂、从低等到高等的过程，整体呈现出一个进步性的发展趋势。这个进化主要有两种方式。一种是渐进式的，这是一个长期缓慢的演变过程。另一种是爆发式的，这种形式在动物进化的过程中不常见，但在植物的进化中则常常会出现。其实在这两种进化过程中，并不是每一次分化都是进步的，也不是每一次分化出的新物种都得到了良好的发展。达尔文就此也提出了适者生存，优胜劣汰的观点。这个观点是说，只有那些能适应环境的物种才能在自然界中生存下来。如长颈鹿那长长的脖子就是在漫长的进化过程中逐渐形成的，因为长脖子能帮助它们获得更多高处的食物。

总地说来，生物的进化并不是一帆风顺的，这是一个曲折复杂的过程，这一过程中还存在有特化或是退化的过程。比如说马的进化过程，就不是呈直线型的，如今的马是从一种与野兔大小差不多的始祖马进化而来的。在这个过程当中，分裂出了许多不同的分叉，比如中新马、草原古马等等，到后来，有一些种属灭绝了。

达尔文雀

1832 年，达尔文进行环球考察时在加拉帕戈斯群岛上发现了 13 种雀。尽管群岛上的外部条件相同，但各个岛屿上鸟雀的喙却不相同。他据此认为，这些鸟都是同一种鸟经过漫长的岁月逐步进化而来的。

古老的统治者——恐龙

恐龙灭绝

关于恐龙灭绝的原因，最权威的观点认为是在大约6500万年前，一颗大陨石和地球相撞引起大爆炸，造成恐龙的消失。还有人认为是6500万年前地球温度骤然下降，恐龙们是被冻死的。到目前为止，还存在有很多种说法。

在人类统治地球之前，地球有它的另一个主人——恐龙。在现代人的脑海中，恐龙是一群具有神秘色彩的生物。它们庞大、智慧，统治地球长达1亿多年。直到0.65亿年前的一天，这种生命力极强的生物突然在地球上消失了。它们的存在和消亡都好像一个谜一样摆在人类的面前。

恐龙属于爬行动物一类。它们具有爬行动物的骨骼构造和多鳞的皮肤。但它们不是在陆地上爬行，在恐龙成为陆地上的主宰时，飞旋在空中的翼手龙成为天空的统治者，河流和海洋中则成为鳄鱼、鱼龙和蛇颈龙的天地。

早期的恐龙出现在距今大约2亿年前的三迭纪中期。那时的地球很干燥，开花植物和草地还没有形成。针叶树是当时最普遍的树，叶子的形状就像是今天的松树。喜欢潮湿环境的蕨类植物，生长在湖边和河边。除此之外，大型

的植物还有浆果紫杉、银杏和苏铁植物等。

引鳄是出现在这个时期的恐龙之一。它的个头很大，通常情况下可以长到 4.5 米长。它的脑袋很大，四肢粗短但是很有力。它是三迭纪时期最大的食肉动物，主要以其他爬行动物为食。长度有 2 米的加斯马吐龙，它的生活习性和现代的鳄鱼很接近。它们能够在陆地上爬行，在水里也是个游泳的好手。它们更多的时间是在水里度过的，主要以捕鱼为生。它的牙齿尖利而弯曲，可以用来咬食猎物。

到了侏罗纪时期，地球上的气候开始变得温暖湿润起来，植物也茂盛起来。充足的雨水使植物开始成片生长，形成了森林。蕨类植物和巨大的马尾草覆盖了树林周围的地面。

鱼龙是当时很有代表性的一种恐龙，它是生活在海洋中的爬行动物。它非常善于游泳，有时还会在水中生产。它们已经可以直接生出小鱼龙，而不是产卵繁殖。沙尼龙是人们所知道的最大的鱼龙，它可以长到 15 米长。出现在侏罗纪晚期的马门溪龙是迄今为止人们发现的脖子最长的恐龙。它的颈骨有 19 块之多，现在长颈鹿也只有 7 块颈骨。由此看来，马门溪龙的脖子是长颈鹿的 3 倍。这样的长脖子可以帮助它吃到树尖上的嫩芽。

白垩纪早期，开花植物出现。它们最早出现在南美和非洲的热带地区，它们的种子可以被风吹到其他地方。逐渐的，地球上就大面积地覆盖上了有花植物。但也就是在白垩纪的晚期,恐龙消失了。今天的鸟类是恐龙唯一的后代。

准噶尔翼龙是翼龙的一种，它的翅膀展开有 3 米长。翼龙是最早的脊椎动物，它的翅膀是一层皮膜。它的前肢张开，这层皮膜和它的体侧相连就形成了翅膀。霸王龙是地球上存在过的最大的食肉动物。它有着柱子一样的腿，前肢却很短小。它们的残暴是出了名的，以捕食食草恐龙为生。它的上下颌间长满了可怕的利齿，每一颗都至少有 15 厘米长。这些尖利的牙齿使它能够轻易地咬死猎物、撕碎食物。

恐龙灭绝之谜，一直是人类关心的话题，科学家们通过深入研究提出的主张也是五花八门。

远古的遗迹——化石

恐龙蛋化石

现代人研究古代生物，大都是从已经发现的动物化石入手。数以万计的动物化石，带着远古时期留下的印记，向现代人传递着来自远古的生物信息。在人类历史早期，就有过关于化石的记载。古希腊的学者在沙漠中和山区就发现过鱼和贝壳的化石，并一直对此很困惑。公元前 400 年的时候，亚里士多德提出化石是由有机物形成的。他的学生奥佛拉斯塔在大约公元前 350 年的时候，提出化石代表某些生命形式。

化石其实就是埋藏在地层中古代生物的遗体或是遗迹。化石的形成经过了一个漫长的石化过程。古代动物死后，它们尸体中的柔软的组织会很快腐烂掉，而骨骼和牙齿保存了下来。因为骨骼和牙齿中含有的无机质较多，有机质较少，所以不易腐烂。

被泥沙所掩埋的尸体会久而久之的和空气隔绝，腐烂会放慢速度。泥沙中的流水，一方面会带走泥沙中的矿物质，另一方面，水中过剩的矿物质又会沉积下来。这部分沉积下来的矿物质会逐渐渗透到尸体的骨骼和牙齿中，填补那些有机质腐烂后留下的空间。逐渐的，在长时间的作用下，这些外来渗入的矿物质能够代替那些腐烂掉的有机质。于是，牙齿和骨骼就这样以化石的形式保存下来。又经过了漫长的岁月，随着矿物质的沉积，骨骼和牙齿的重量增加，慢慢地就形成了石头一样的物质。只是这种“石头”保持了原有骨骼和牙齿的外形和内部结构。除了古代动物的遗体，古代动物的卵、脚印、粪便等，也能形成化石。

三叶虫化石

其实化石不仅仅只具有考古价值，一些被称

大熊猫是中国的国宝

为化石燃料的物质，在今天人类工业的发展进程中，也有着不可替代的作用。被称为“工业粮食”的煤，就是由一定地质年代生长的繁茂植物，在适宜的地质环境中，逐渐堆积成厚层，并埋没在水底或泥沙中，经过漫长地质年代的天然煤化作用而形成的。

石油是由原始生物的尸体形成的。原始生物在死去之后，它们的尸体沉降于海底或湖底并被淤泥覆盖。它们的细胞内含有脂肪和油脂，这些脂肪和油脂是由碳、氢、氧等元素组成的。随着地下的砂石层逐渐变成岩石层，在岩石层的压力和细菌的作用下，原始生物遗骸中的氧元素渐渐与其他元素分离，碳和氢重新组合成新的碳氢化合物。石油会穿过疏松的岩石层向上流动，一直流到致密的岩石层被挡住，慢慢聚积形成了最终的油田。

2006年12月，西班牙的考古学家挖掘出了欧洲历史上最大的恐龙化石。他们用出土地区和村落的名字给这个化石命名，叫做“土拉斯奥鲁斯—鲁代文斯”。考古学家们对这个庞然大物作了研究，初步判断出这只恐龙是一个食草类恐龙。它体长将近40米，体重在40～48吨之间，相当于现在7头大象的重量。它的头小、嘴大、脖子和尾巴长，是一种四脚蜥蜴类动物。在美洲和非洲曾发现过类似的巨型恐龙化石，但这次发现的不仅仅是欧洲最大的一个恐龙化石，更是世界上最大的恐龙化石之一。

活化石

“活化石”是非科学术语，主要是指现存的一些古老的生物种类。现存的植物活化石有银杏、银杉、珙桐、香果树等，动物活化石有大熊猫、中华鲟等。1938年在非洲东南部海中，首次发现残存的总鳍鱼类矛尾鱼，是世界闻名的一种活化石。

身体的秘密

蜻蜓的复眼

动物的身体都是由很多不同的器官组成的，这些器官在不同的动物身上又有着不同的形态、不同的特征。

首先，眼睛是动物赖以生存的重要器官，自然界有多少种动物就有多少双形状不一、功能各异的眼睛。鸟类的眼睛通常都很敏锐，鱼儿的眼睛不会流泪，青蛙的眼睛见动不见静，大多数哺乳动物都是不会分辨颜色的色盲……动物的眼睛里藏着数不清的秘密。昆虫的眼睛非常之多，蜻蜓头上像灯笼一样的眼睛是由许多六角形的小眼组成的，这些小眼称为复眼。蜻蜓的眼睛是所有昆虫中最大和最多的，它的每只复眼由 10 000 到 28 000 个小眼组成。蜻蜓的视力非常发达，可以在飞行中捕捉小昆虫；当它们在草茎上休息时，哪怕是有人影掠过，它们也能感知。

经过科学家研究证实，大多数哺乳动物都是色盲，牛、羊、马、狗、猫等动物的眼睛，几乎不会分辨颜色，反映到它们眼睛里的色彩，只有黑、白、灰三种颜色，如同我们看黑白电视一样单调。田鼠、家鼠和家兔等也都是色盲。很多人以为狼的眼睛可以发光，其实狼眼本身并不发光，但它能反射进入眼睛的月光、星光和其他微弱的光线，并将

马的两只眼睛不能像我们人类的眼睛那样同时投在一个点上，而是“各管各”，实际上马眼是经常是同路两旁的两种景象打交道的。

这些光线汇集于眼睛的后表面上，看起来就像是从眼睛里直接发射出来的一样，显得阴森恐怖。

和人一样，许多动物都有着灵敏的听觉器官，它们的听觉器官不仅外形千姿百态，而且生长的部位也不尽相同。爬行动物不像哺乳动物那样有外耳，看上去就像没长耳朵一样，但它们仍然可以借助表皮下的“鼓膜”感觉世界的动静；昆虫中只有蟋蟀、蚱蜢、蝗虫、蝉和大部分蛾类才有“鼓膜”那样的听觉器官，可是它们并不是长在头上，而是长在腿上或身躯两侧的。大白鲨有耳朵，但从外面看不见，它通过位于颅骨内两个很小的传感器来辨听声音，有时它们能专注地倾听接受来自受伤的鱼或是海豹发出的呻吟声。

许多动物在地震、海啸等自然灾害来临前会有一些异常的反应，这是人所共知的事情，但其原因还没有人能解释得清楚。有动物学家表示，动物之所以能够“未卜先知”，并非靠什么第六感，而是因为它们拥有比人类灵敏的听觉。蝙蝠的耳朵圆圆的，与身体相比显得很大。蝙蝠飞行时，耳朵像两只喇叭口，能接收口腔发出的超声波，耳朵上的毛还能觉察到轻微的震动，比蜗牛的触角还灵。

亚洲象的鼻子是动物中最长的，它实际上是由鼻子和上唇的延长体组成一直下垂到地面

鼻子是动物身上一个非常重要的组成器官，除了呼吸，还有闻气味的功能，甚至有些动物的生存完全依赖于极其灵敏的鼻子。大多数动物的鼻子都位于头部，紧挨着嘴巴，但动物世界里还有许多千奇百怪的鼻子，尽管这些鼻子形状、大小、功能各不相同，但它们都恰到好处地维持了动物面部的美观。谁曾设想过，如果动物没有了鼻子，那将会是怎样一种奇怪的感觉？大象的鼻子有坚韧的肌肉，可以随意伸缩，非常灵敏，不仅能成为战斗的武器，如果需要，它还能捡起一根缝衣针。但幼象需要长达六个月的时间才能学会操控自己的鼻子。

动物的嘴巴

嘴在五官当中非常重要，对不同的动物，不仅它的称谓不同，而且功用也不尽相同。除了我们一般所说的嘴以外，鸟的嘴巴称为“喙”；昆虫的嘴巴称为“口器”，根据其外形和构造的不同，昆虫的口器又可分为咀嚼式、刺吸式、虹吸式、舔吸式口器等。

伪装专家

枯叶蛾的伪装

为防御敌人和捕食猎物，动物们利用自身特殊的自卫武器和保护身体的色彩，巧妙地把自己隐蔽起来。竹节虫、枯叶蝶、变色龙、螳螂、乌贼、海马、大白鲨……它们都有自己的伪装技巧，是大自然里最好的“伪装专家”。

动物的伪装技巧很多，主要可以归为拟态和保护色两种。有的把自己伪装得像枯叶、树枝、石头等来逃避敌害，有的会模仿带有异味或有毒的动物来欺瞒天敌，还有的，会利用各种变化体色、姿态的方式来诱捕猎物，这些从形态上模仿的方法，我们总称为“拟态”；而保护色就是动物利用自身与环境相似的颜色、花纹以避免天敌发现的方法。

西伯利亚虎生活在茂密的森林里，它身上的条纹能在猎食时帮助它进行伪装。当它在丛林中穿梭时，身上的条纹会打断树林阴影映在它身上的轮廓，同时它的毛色也可以协助它在夜间进行伪装。

生活在海底的比目鱼，身体的颜色是变化多端的，在

鳄鱼就善于把自己伪装成河里的木头

海滩上变成沙子的颜色，到了岩石上又会变成花岗岩的颜色，它是以保护色求得海底的生存环境。乌贼的表皮上有黑、红、褐等色素细胞，这些色素细胞的周围有放射状的肌纤维丝，可以使色素细胞伸缩自如，通过神经调节，就可以根据周围环境，随意地变换身体颜色。危急关头，乌贼能神不知鬼不觉地突然沉入海底而不被敌害发现，靠的就是这种变色的本领。

有“伪装之王”称号的变色龙，在它的皮肤里，有着各种决定身体颜色的色素细胞，这些色素细胞可以让肤色随着外界环境的改变而改变。其实，变色龙变色的秘密隐藏在它们的情绪里：变色龙心情好时呈现绿色；当两只雄性不期而遇时，体色就会呈现红色；发现毒蛇等敌害时，变色龙会一反常态，突然披上鲜艳的“五彩衣”，使敌人觉得不好惹。

枯叶蝶又叫木叶蝶，是一种借助枯叶形状隐身的昆虫，它的前翅形状很像树叶的叶尖，后翅很像树叶的叶柄，前后翅叠在一起，看起来酷似一片树叶。遇到追捕时，它便迅速地落在阔叶树的枝条上，用身体紧贴枝条，双翅并拢竖起,使天敌常常在混杂的树叶中难辨真伪。和它相似，枯叶螳螂也正如它的名字一样，能把身体的形状和颜色都伪装得像干枯的叶子一样，保护自己的同时还可袭击猎物。细细长长的竹节虫长得特别像小树枝，并且它身体的颜色、图案和所处的环境都特别相似，让敌人难以分辨。如果竹节虫不幸被抓了，它还会断足逃生。蝗虫也是靠体色来伪装的，它们通体呈绿色，能与周围的草木相混合，不露出任何痕迹。当它在树上吃树叶时，难辨真假。

蝴蝶鱼一般是生活在五光十色的珊瑚礁中，它们鲜艳的体色可以随周围环境的改变而改变，蝴蝶鱼像个“魔术师”般很容易使自己的身体呈现出各种不同的颜色。有的蝴蝶鱼改变一次体色需要几分钟时间，有的只需要几秒钟。

美国有一种亚利桑那珊瑚蛇，也叫伪珊瑚蛇，它的颜色、花纹、大小都跟真正的珊瑚蛇很像，所以当它遇到敌人时，它就伪装成有剧毒的珊瑚蛇，把敌人吓跑。

海马的伪装

海马经常用细长而弯曲的尾巴卷在海底的水藻、海草或者珊瑚上，保持一动也不动的姿态，伪装起来。

生活在澳洲的叶海马，形态模拟周围的物体，全身长有许多叶形突出物和丝状体，像马尾藻一样，在海里缓缓漂荡，使对手很难辨认。

捕食技巧

生活在海洋里的海葵生有很多长长的触手，在它的触手尖端长有许多丝状的“刺细胞”，这些“刺细胞”是它们捕食的秘密武器，它可以喷出毒汁，麻痹经过身边的猎物。

这是海葵为了获取食物而采用的手段。和海葵一样，生活在大自然中的动物们要获得食物，就必须具备各种捕猎技巧。食物是动物们维持生命的基础。所有动物，不管是强大的还是弱小的，不管是食肉的还是食草的，不管是水里游的、地上跑的还是空中飞的，都需要捕食。在寻求食物的过程中，它们也掌握了各种技巧和捷径。

一般来说，强大的动物依靠自身奇特的身体构造，能很容易地捕获到猎物；而许多在险中求生的动物则靠学习，积累下丰富的捕猎经验，用自己的智慧换来美味佳肴。捕猎是动物世界一个永不衰竭的主题，因为只有通过捕猎活动，食物链上的植物和动物才能得以维持正常的数目，生态环境才得以维持稳定的平衡。

美丽的海绵

无毒的大蟒蛇对付猎物的方法是用身体将它们紧紧缠住，使它们窒息而死，大蟒蛇的力量非常大,可以在 1 分钟之内用身体将一头羊、一只猪或者一头鹿勒死。生活在北极的北极熊最喜欢吃海豹，而海豹常常潜到浮冰之下，只是偶尔在

浮冰之间的通气孔透气。因此，北极熊会长久地守在这些通气孔旁，只要海豹一浮出洞口透气，它们就迅速地用前掌击碎海豹的头骨，将其拖出水面饱餐一顿。花豹有一种本领无人能及，就是能在捕获猎物以后将其拖到树上。一只豹可以把相当于自身重量的羚羊拖到树枝间，以免被其他的掠食者发现。

海葵和小丑鱼是好朋友

靠捕食海洋鱼类为生的海鹦，是世界上潜水本领最强的鸟类。在捕鱼时，它轻松自如地潜入几十米甚至两百米深的海水中，直到捕捉到的鱼儿足以填满它那宽大的嘴巴时才会浮出海面。鹈鹕也是捕鱼的行家，对待猎物，它们常采取集体捕食的战术，众多鹈鹕发现一群鱼后，会自动排成一条直线，逐渐收缩成半圆形，并用翅膀有力地拍击水面，把鱼群赶到浅水处，然后共享美味佳肴。

雕是一种凶猛的捕食者，它们的黑色利爪又尖又长，向中间弯曲，很容易抓住猎物，有时甚至将猎物捏得窒息而亡。白头海雕以捕食鱼类和其他一些小动物为生，它们还常常倚仗武力夺取其他动物口中之食，有时它们逼着鸥等弱小的捕鱼鸟吐出猎物，或者在半空中胁迫一些较小的鸟放弃已经到手的猎物。

蛙类的舌头肥厚多肉，尖端分叉，并有丰富的黏液，它们就倚仗自身发达的舌头捕食。遇到猎物时，舌尖突然翻出，黏住食物，卷入口中。它的口腔宽而扁，上颌和口腔的上壁有细齿，可以防止食物逃脱。它的食管宽大而且有伸缩性，所以能吞下较大的害虫。射水鱼则会向停在水边植物上的昆虫“射击”，它喷发出来一股股很急的水流，许多昆虫往往招架不住落到水里，就被它毫不留情地吞食了。

吸血蝠是一种以吸食动物血液为生的蝙蝠，它们专门在夜间寻找那些睡梦中的诸如牛和马这样的猎物，一旦有所发现，吸血蝠就会用它们的门牙切掉猎物一块无毛的皮肤，然后用槽状的舌头舔食血液。

海绵捕食

海绵是一种原始而低等的多细胞动物，它无口、无消化腔，构造十分简单。海绵的体壁上有许多小孔，水流通过这些小孔进入海绵的身体，通过水流的循环，能为它带来像动、植物碎屑这样的食物。

动物与环境

锦鲤

地球上的每一个地方都有动物的踪影，而每一种动物都有自己最适应的环境，这就是它们的栖息地。无论是陡峭的高山、深邃的海洋，还是寒冷的极地、炎热的沙漠，都为动物们提供了一方生存的空间。由于各种动物赖以生存的食物不同，所以它们的栖息环境也不一样。有的动物对栖息的环境特别挑剔，而有的动物则能以顽强的生命力适应各种恶劣的生活环境。

世界上最寒冷的地方莫过于“极地”，这里终年冰雪茫茫一片，气候条件非常恶劣。为抵御严寒，生活在北极的北极熊和生活在南极的企鹅都有着厚厚的皮毛或羽毛，有的还有一层厚厚的脂肪。北极熊在熊中属于体型最大的一种，体重大都在 150 ~ 500 千克之间。由于它们生活在气候严寒的北极地区，所以为了减少体温的损耗，它们的耳朵和尾巴生得非常小。它们生有浓密的皮毛，有助于抵御北极的严寒。

地球上 71%的面积被海洋所占据，这样广大的领域为动物们提供了良好的栖息环境和丰富的

北极熊

草原上的角马

食物资源。海底生活着各种鱼类和海洋动物，海面上则翱翔着像海鸥这样的海鸟。海洋中存在有自己的“食物链”，先是有机物、细菌或植物，然后是食草性动物至各级食肉性动物，这样依次形成摄食者的营养关系，也被称作“营养链”。形成“营养链”的同时，这些生物还组成了一个能量流，这种食物链的结构很像金字塔，底座很大，每上一级都缩小很多。“大鱼吃小鱼，小鱼吃虾米”的层级关系就形成了吃与被吃的能量转换。

森林里有丰富的植物资源，这里可以找到各种各样充足的食物，所以，森林就成了众多动物理想的栖息地。生活在这里的动物有浣熊、野猪、孔雀、犀鸟、棕熊、啄木鸟、猫头鹰、美洲狮等等。生活在森林或丛林中的豹猫，也被称作石虎或狸猫。它们昼伏夜出，大多独来独往。它们常以伏击的方式猎捕其他动物。再加上特殊的眼睛结构，和一副发达的牙齿使它们成为丛林里名副其实的好猎手。

草原有着比较干燥的气候，非常适合草的生长，所以，那些以食草为生的动物就能在这里安居。大量食草动物的存在自然又为食肉动物提供了丰富的食物资源，比如在非洲草原上，就生活着长颈鹿、斑马、角马、非洲狮、鬣狗等动物。角马生活在广袤的非洲草原上，每年的3～5月，这里雨水充足，到处都有角马的身影。但到了7～9月的旱季，为了寻找新的食物，成千上万只角马长途跋涉、浩浩荡荡，场面蔚为壮观。

山地上生活着各种动物，比如雪豹、野牦牛就生活在海拔较高的山区；各种鹰盘旋于狂风猛烈的山顶附近；善走山路的羚羊总是出现在山坡上；而山坡下的灌木丛中还藏着各种小动物。有着肥美水草的河流和沼泽地带，适合一些水生小动物（如鲶鱼）、两栖动物（如蝾螈）、少数爬行动物（如鳄鱼）和哺乳动物（如河狸）以及涉禽（如鹈鹕）生活。除了非洲沼泽中有河马外，一般的沼泽地带都不适合大型哺乳动物生存。

干旱的沙漠

沙漠是地球上最干燥的地方，地面完全由沙覆盖着，稀少的降雨量让这里也少有植物生存。能在这里生活的动物，如骆驼、大耳狐、蝎子等都有自己独特的适应方法。

集体生活

俗话说，“团结就是力量”“人多力量大”，自然界中的许多动物似乎也懂得这样的道理，蚂蚁、蜜蜂、狒狒、沙丁鱼等都喜欢集体生活，它们或是以数量不多的小群体，或是以较大的群体，甚至是成千上万的种类组成的群体进行活动。对于这些动物来说，群体生活有很多优势。如在寻找以及搜集食物、发现危险、对抗敌害上，群体中的成员可以相互合作；而狼、鬣狗等凶猛的食肉动物集结成群，则可大大提高捕食的成功几率。

群居的蜜蜂

蜜蜂、蚂蚁和白蚁在孤独的环境里，根本就不能活。只要它们单独在一起，或者有时只是朋友少了一些，它们就会不吃不喝，很快死亡。蚂蚁和蜜蜂的伙伴不能少于 25 个，如果少于 25 个，这些习惯于正常群居生活的动物就会感到非常忧伤。蜜蜂是一种非常合群的昆虫，在一个家族里，每个成员都有自己的工作：蜂王和雄蜂负责产卵，生育小蜜蜂；数量最多的工蜂，主要负责建房子、采蜜、保护蜂王等工作。

结伴而行

在每年雨季将结束的5月，为了寻找有茂盛绿草的新草地和水源，斑马总会成群地进行长途迁徙，这个时候，它们身边往往伴随着群体更大的角马。两个大群体一起迁徙，大大增强了彼此的安全性。

蚂蚁可以饲养其他小动物，供自己的家族食用。

非洲角马长得像牛，它们生活在非洲的东部和南部。到了旱季，为了寻找新鲜的草料，非洲角马便聚集起来，成群结队地去寻找食物，有时，一天要走 50 千米左右。在长途迁徙的过程中，北美的驯鹿和非洲角马一样，也都喜欢集成庞大的群体，对它们来说数量越大就越安全，单独的个体势必会遭到捕食者的攻击。

集群生活有着许多显而易见的优点：多双眼睛和耳朵同时警惕，可以增加防御的安全性；成员们分工合作，便于较为轻松地找到食物养育后代……除此之外，集群生活里还有许多鲜为人知的秘密，如：狮子是猫科动物中唯一进行大规模群居生活的动物；群居的鸟类通常讲强弱顺序，如农家场院里生活的鸡，最强壮的能啄其他所有的鸡；海豚常成百上千地聚成一群共同捕食，它们会发出一种爆裂的声音相互联络，这种声音可以相互验明身份……

鬣狗并不总是拣剩下的吃，它们也成群合作围捕猎物。强大的群体优势，让它们可以明目张胆地攻击猎物。鬣狗总是排成纵队，紧跟着首领行进。一旦有目标出现，它们就群起而攻之，直到将猎物杀死为止。狼也是喜欢集体生活的动物。单个的狼虽然不乏凶悍，但它们要是集群合作围捕猎物，其能力可以打败一头雄性美洲野牛。这样，团队中的每一个成员都能得到食物，而单独一只狼则可能因为饥饿而死亡。非洲雌狮在追击猎物时喜欢群体出击，采用围堵的策略。虽然这种群体出击的成功率远远高于单独捕猎，但生性孤僻的非洲雄狮还是喜欢单独行动。

鸽子是喜欢群居的鸟类，做伴的鸽子越多，它们越高兴。科学家称：孤独甚至会影响到它们的产卵能力。不过，如果让那些形单影只的鸽子看到自己在镜子里的影子，它们会魔术般地开始产卵。

生活在海底的海葵，常常成群聚集固定在岩石上，它们长有长长的触手伸展开来，仿佛海中盛开的娇艳花朵，在海底世界构筑了一方“海底花园”，这方美丽的花园可以为海葵吸引到小鱼小虾前来当食物。

猴群的生活

猴子的危险除了来自陆地上的猛兽，还有天上飞的老鹰、雕类等。为了躲避危险，它们总是聚集在悬崖峭壁上，由猴王带领着，成群结队地在树上、山上活动和觅食。

动物与人

长颈鹿白色的皮肤上长满了许许多多棕黄色的斑块,那些斑块交织在一起形成网状，就像穿了一身美丽的“花衣服”。这身花衣服很容易与背景混合为一，有伪装的作用，不易被发现，人类根据这个道理发明了迷彩服。

这就是仿生学的一个例子。动物与人类共同生活在地球这个蓝色的星球上，它们拥有许多与生俱来的优越性能和神奇本领，例如猫头鹰的眼、狗的鼻子、蚂蚁的力气，这些都是让人望尘莫及的。但聪明的人类懂得学习和借鉴，在与动物和睦相处的同时，从它们身上获得了启发，利用自己的才智，创造出了一大批性能更为先进的产品。尽管人眼不及鹰眼锐利，但人生产出来的高倍望远镜却要比鹰看得远；尽管人没有翅膀，却可以乘上自己发明的飞机，飞得比鸟更远。

在人造卫星的研发过程中，小小的蝴蝶就给了科学家们很大的启示，发明了控制人造卫星温度的方法。太空中的环境不像在地球上，太阳光直接照在卫星表面时，卫星表面可达到 100℃以上的高温。当卫星运行到不被太阳照射的阴影区，它表面的温度又会降到 100℃以下。在这种冷热剧烈交变的状况下，卫星上的仪器、设备等无法忍受，也就无法正常工作。蝴蝶的翅膀上排列着很多细小的鳞片,当气温升高时，鳞片将多余的阳光发射出去，使蝴蝶免受高热灼伤；当气温下降时，鳞片会紧紧贴在身体表面，从而吸收更多的太阳能，增加体温。

鳞粉是蝴蝶翅膀表面微小的袋状附着物，一般的蝴碟以鳞粉的角度来调节入射光线，从而调节温度

根据这个原理，科学家把保证卫星表面温度的装置设计成百叶窗的样子，每扇叶片两个表面安装有不同的辐射散热材料，但是功能却相差甚远。当卫星飞行在地球阳光面时，温度超过标准，金属丝受热膨胀，使叶片纷纷张开，将辐射散热能力大的那个表面向着太空。当温度迅速下降时，也就是卫星飞行至地球阴面时，金属丝遇冷收缩，叶片

紧紧闭合，将辐射散热能力小的那个表面暴露在太空中，抑制卫星散热。有了这样的装置，卫星在太空中温度就能够相对的稳定下来，其中的各个设备、仪器也就可以很好地工作了。

狗与人类亲密无间，是人类的好朋友。

除此之外，仿生学家还根据苍蝇嗅觉器的结构和功能，仿制成功了一种小型气体分析仪。这种仪器已经被安装在宇宙飞船里，用来检测舱内气体的成分。狗鼻子具有高度的“分析能力”，近年来，科学家还仿造出了“电子警犬”，其分辨力和分析力丝毫不亚于狗鼻子，它在协助警察追捕逃犯过程中起到了很大的作用。候鸟长途迁徙时，晚上往往会利用日月星辰的位置来导航，据此，科学家们研究了一种依靠日月星辰导航的远程导弹，能保持正确的飞行方向，准确地命中目标。

斑马的启示

人类从斑马利用条纹保护自身安全中得到了启示，将条纹保护色的原理应用到海上作战方面，在军舰上涂上类似于斑马条纹的色彩，以此来模糊对方的视线，达到隐蔽自己、迷惑敌人的目的。

人们根据犀利的鹰眼制成了电光鹰眼，这实际就是一种带望远镜的电视摄像系统，它用低分辨率、宽视野系统搜索目标，用高分辨率、小视野系统发现目标，再加上红外系统，就能进行夜间搜索了。人们模仿鱼眼制成一种视角为180度的超广角镜。使用这种镜头拍照，能使整个空间的物像一下子“尽收眼底”，投射到小小的一张底片上。这时的图像就像鱼眼看到的那样，变成了圆形。鲎的复眼对光有侧面抑制作用，可以增强图像的反差，这一原理被应用于电视机中，从而使图像更加清晰。

动物的故事
Dongwu de gushi

水里的动物

古老而简单的生命

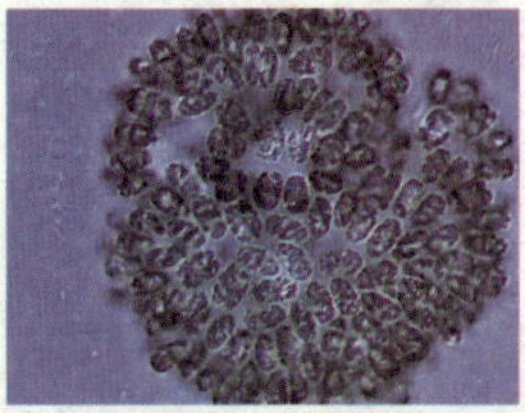

蓝藻

在浩瀚的水世界里，生活着众多古老而简单的生命。它们的身体仅由一个细胞组成，是动物界中最原始的一门。距今约32亿年前，在原始海洋里，已经出现了细菌和简单藻类的单细胞生物。如至今还广泛生活的蓝藻，仍然保留着当初那种原核生物状态。蓝藻的细胞里含有叶绿素，能够进行光合作用，合成蛋白质，放出氧气。

古老而原始的生命在经历前后近20亿年的进化之后，到距今约19亿年前开始出现第一次繁荣，其标志就是细菌与蓝藻的大发展。藻类进行光合作用，放出大量氧气，地面上形成臭氧层，减弱了日光中紫外线对生物的威胁，使水生生物有可能发展到陆地上来，也为低等动物的兴起提供了食物。紧接着，真核生物出现。这标志着生命细胞结构的完善，现代生命都是从19亿年前真核生物出现的原点上辐射进化而来的。

鞭毛生物

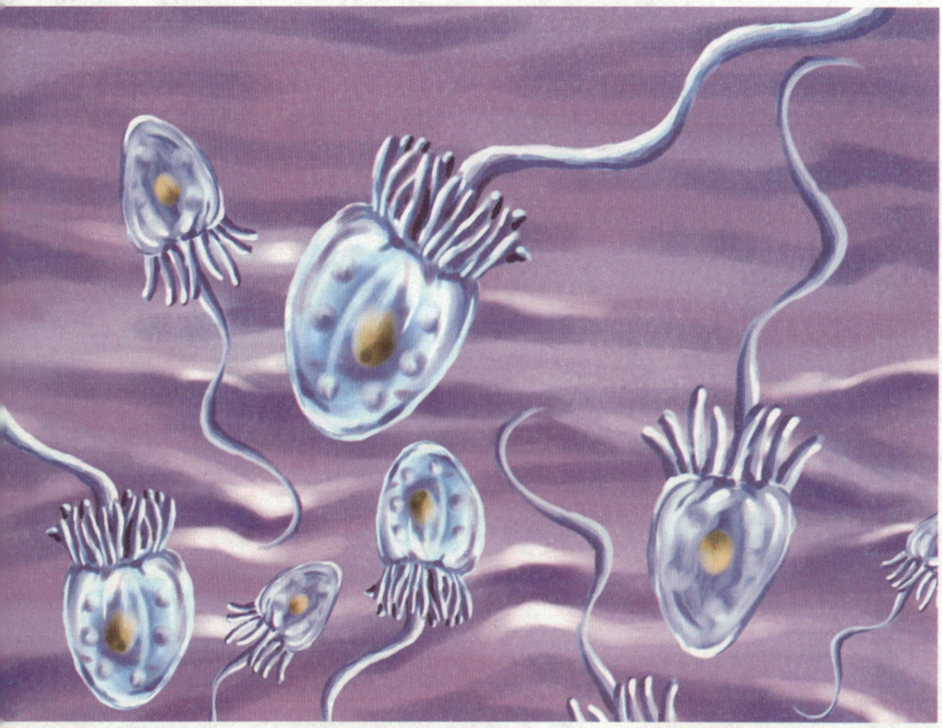

一部分原始有鞭毛生物，后来逐渐失去光合作用的能力，增强了运动和摄食的本领，于是就产生了最早的原生动物，像现今还保留着10多亿年前原始状态的变形虫等。变形虫因为它的身体没有确定

的形态而得名。它的体内是可流动的原生质，身体外围是一层纤薄的细胞膜。它的身体表面会生成很多无定形的指状、叶状或针状的突起，它们的身体可凭借此而移动，所以这些突起有个名字叫“伪足”。伪足间可以自由包围融合，它们可以把食物包裹在里面进行消化。现在要是想见到变形虫，只要从有水草的池塘中，连同水草和腐烂的茎叶一起取一定量的水，在没有阳光的地方放 3 到 5 天，在水表面的黄色泡沫里，就会发现变形虫。

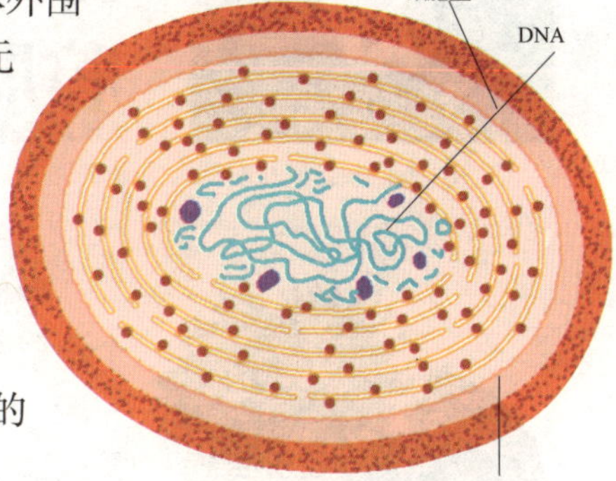

蓝藻细胞结构

大变形虫的主要食物是一种叫做草履虫的生物。草履虫的身形很小，是一个圆筒形的原生动物。用平面看，像一个倒放的草鞋底，因此有了“草履虫”这个名字。它全身就是由一个细胞构成的，表面包着一层膜，膜上密密地长着许多纤毛。草履虫就是靠纤毛的划动在水里运动的。它身上的膜可能帮助它吸收水里的氧气，排出二氧化碳。在它身体的一侧有一个“口沟”，这里是它的嘴巴；食物的残渣从肛门点排出。

有孔虫是一类古老的原生动物，5 亿多年前就产生在海洋中，至今种类繁多。由于有孔虫能够分泌钙质或硅质，形成外壳，而且壳上有一个大孔或多个细孔，以便伸出伪足，因此得名有孔虫。有孔虫是海洋食物链的一个环节，它的主要食物为硅藻。菌类、甲壳类幼虫等，个别有孔虫的食物是砂粒。有孔虫是浮游生物中重要的组成部分，也是大多数海洋生物重要的食物来源。

有的有鞭毛的单细胞生物，如裸藻，能利用鞭毛不停地在水中运动，还有个能感光的眼点，因此人们叫它眼虫，说它是动物。但是它又有叶绿素，能利用阳光进行光合作用，为自己制造食物，又是毫不含糊的植物。这种既像动物又像植物具有双重性的现象，充分证明了动植物的共同祖先，就是如同眼虫之类的远古时代的 原始单细胞生物。

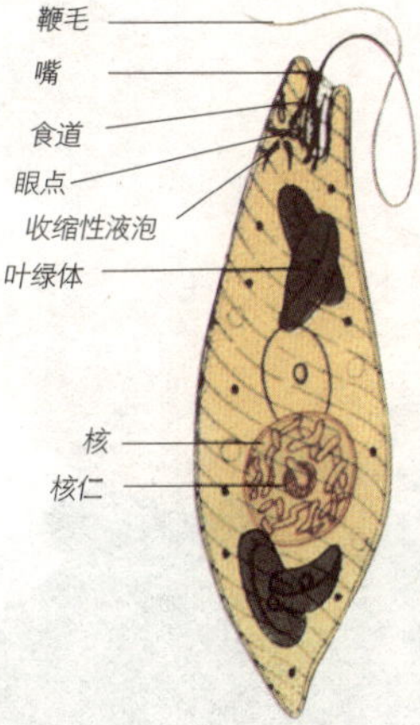

古生物的分化

由于细胞结构的不断分化，导致了营养方式上的一分为二：一支发展自己具有制造养料的器官(如叶绿体)，朝着完全“自养”方向发展，成了植物；另一支则增强运动和摄食本领以及发达的消化机能，朝着“异养”方向发展，成了动物。

眼虫

腔肠动物

珊瑚的外观如同植物，而美丽的珊瑚礁看上去更像一个色彩绚丽的花园。它的颜色鲜艳明亮，样子又与灌木丛一般，上面甚至还寄居有黑蛞蝓和蜗牛。但实际上它们却是地地道道的动物，属于腔肠动物中的花虫类。

腔肠动物全部生活在水中，是构造比较简单的一类多细胞动物。它们的身体由内胚层和外胚层组成，因其由内胚层围成的空腔具有消化和水流循环的功能而得名。腔肠动物是真正的双胚层多细胞动物，在动物进化史上占有重要地位，所有高等的多细胞动物，都被认为是经过这种双胚层结构进化发展生成的。

腔肠动物具有两种特殊的细胞，一种叫间细胞，一种叫刺细胞。间细胞可以变化形成其他细胞，如形成肌肉细胞、神经细胞等。刺细胞是一种可以放出刺丝，具有捕杀猎物和防御敌害功能的细胞。它们只有一个口孔与外界相通，进食与排泄都由这个口进出。水母、海葵、珊瑚等是几种最为常见的腔肠动物。

珊瑚礁

在海底世界，珊瑚礁享有“海洋中的热带雨林”和“海上长城”等美誉，它被人们认为是地球上最古老、最多姿多彩，也是最珍贵的生态系统之一。它的形成需要一个时间段。每一年，在死去的珊瑚的尸骸上又会长出新的珊瑚，这样不断循环下去，不久就会形成一大片的珊瑚礁。尽管珊瑚礁在全球海洋中所占面积不足0.25%，但有超过1/4的已知海洋鱼类却靠着珊瑚礁生活，它们相互依存。

海葵一般为单体，没有骨

骼，身体呈圆柱形。一端有口，呈裂缝形，周围部分有几圈触手；另一端附着于海中岩石或其他物体上。之所以叫它海葵，是因为它的外形长得像葵花。它利用触手上的刺细胞使鱼麻痹，但海葵鱼常在海葵中间穿梭游动，却丝毫不在乎这一点，因为它们的皮肤可分泌出一种具有保护作用的黏液，使它们在海葵丛中畅通无阻。

海葵的触手上面长着有毒的刺细胞

海葵除了依附在岩石和珊瑚礁上，还会依附在寄居蟹的螺壳上。这样寄居蟹四处游荡，会使得原本不动的海葵随之走动，扩大了它的觅食领域。对寄居蟹来说，一则可用海葵来伪装；二则由于海葵能分泌毒液，可杀死寄居蟹的天敌，使得海葵和寄居蟹双方都得到好处。

虽然说，海葵能和其他动物和平相处，但也时常为附着地盘、争夺食物与自己的同类进行争斗，常常出现一方把另一方体表上的疣突扫平或把触手拔光的争斗场面。最近，科学家发现海葵的寿命大大超过海龟、珊瑚等寿命达数百年的物种，是世界上寿命最长的海洋动物。采用放射性同位素碳-14 技术对 3 只采自深海的海葵进行测定，发现它们的年龄竟达到 1 500 ~ 2 100 岁。

水母虽然长相美丽温顺，其实却十分凶猛。在伞状体的下面，那些细长的触手是它的消化器官，也是它的武器。它的触手上布满刺细胞，像粘在触手上的一颗颗小豆。这种刺细胞能射出有毒的丝，当遇到“敌人”或猎物时，就会射出毒丝，把“敌人”吓跑或将其毒死。最大的水母是分布在大西洋西北部海域的北极大水母。1870 年，一只北极大水母被冲进美国马萨诸塞海湾，它的伞状体直径为 2.28 米，触手长达 36.5 米。而最小的水母全长只有 12 毫米。

自主沉浮

水母的伞状体内有一种特别的腺，可以产生一氧化碳，使伞状体膨胀。当水母遇到敌害或者遇到大风暴的时候，就会自动将气放掉，沉入海底。海面平静后，它只需几分钟就可以生产出气体让自己膨胀并漂浮起来。

水母

软体动物

鹦鹉螺的壳

海螺、扇贝、牡蛎、珍珠贝、鹦鹉螺等等，这些生活在海中的贝类，都长着色彩纷呈、形状各异的壳，看上去非常坚硬，事实上，它们都属于软体动物。它们柔软的身体表面有一层外套膜，能产生富含钙质的液体，贝类的外壳就是这样形成的。

软体动物还是属于无脊椎动物的一种，它们具有左右对称的体型。坚硬的外壳包裹着头、足、内脏囊三部分。目前，世界上大约有 8 万多种软体动物，种的数量仅次于节肢动物，是动物界的第二大门类。在寒带、温带和热带，都可以看到它们的身影。它们分布得非常广泛，从海洋到河川、湖泊，从平原到高山，到处可见。因为大多数的软体动物都有壳，所以它们也被称作贝类。

砗磲

绝大部分海贝都不会游泳，它们攀附在海边的岩石、珊瑚礁上，或是将身体埋进沙中栖息。很多贝类还贴在海龟、海蟹的壳上，或是贴在海船壁上，随着它们四处漂泊。人们常常说将耳朵凑近海螺口，就能听到大海的声音。其实不是海螺有海浪声，那是因为海螺是个涡漩体，当周围的空气流动时就会在海螺口形成涡流，因而产生嗡的声音。

扇贝是海中唯一会“游泳”的贝类。遇到敌人时，它会迅速从壳中喷出一股强劲水流，借助水流的反作用力，扇贝能在瞬间逃离。扇贝在进食的时候，能够选择食物的大小，却没有办法选择食物的种类。食物随着纤毛的摆动流到口中，它主要吃的就是有机碎屑、悬浮在海水中的微型颗粒和浮游生物等。

棘刺牡蛎的双壳上长满了硬刺。当遇到危险时，它会“啪”的一声合上两瓣贝壳，将尖锐的棘刺对准袭击者。这时的入侵者即使再饥饿，也只能望而却步了。砗磲的外套膜极为绚丽多彩，不仅有孔雀蓝、粉红、翠绿、棕红等鲜艳的颜色，而且还有各色的花纹。过去常常传说有潜水者被巨砗磲蛤捉住的故事，这真是天大的冤枉。尽管巨砗磲蛤强而有力的肌肉将双壳完全合住时，几乎没有人可以将它分开，但是因为它的边缘总是覆盖了厚厚的一层藻类，所以根本无法完全闭合。而且它关闭时的速度非常慢，即使不小心把脚放了进去，也完全来得及从容抽出。

海兔是一种与陆地上的兔子相去甚远的海洋软体动物。海兔头部很发达，有一对触角和一对嗅角，末端卷曲成类似耳朵的形状，它的眼睛位于嗅角的外侧。它们的色彩十分艳丽，身体柔软，软体部分肥厚而扁平。它们能分泌出一种剧毒的化学物质，危急时刻释放出这种带酸味的乳状液体，麻痹天敌的神经系统。当海兔遇见天敌时，还会释放出紫红色的烟幕，迷惑对手，让自己安全逃逸。

海兔

蜗牛是生活在陆地上的一种软体动物，多生活在阴暗潮湿的地方。它们害怕阳光，所以通常都是在晚上活动。它们喜欢钻到疏松的腐殖土中栖息，并且在那里产卵，调节体内湿度，吸取养料。虽然说喜欢潮湿，但是蜗牛还是怕水淹的。过多的水会使它窒息而死。它们对外界的刺激反应很敏感，头和足可以很快缩回到壳里。在蜗牛家族里神奇的是，小蜗牛一出生就会自己爬行和取食，不需要蜗牛妈妈的照顾。

珍珠的形成

美丽的珍珠是用海贝的痛苦换来的。当沙砾进入牡蛎等海贝的壳里，牡蛎的套膜就会分泌一种叫珠母的物质来包裹沙砾，以抵御沙砾摩擦肉体时产生的疼痛。当覆盖沙砾的珠母足够厚时，珍珠便形成了。

棘皮动物

在海滨生活着一种奇特的动物，更多的时候，它们吸附在岩石上。在海水退去之后，它们仍旧一个个地滞留在沙滩上，好像天上的星星一样铺在地上——这就是海星。这里要说的是它的身体表面，有很多棘状的突起。

人们把这类身体表面有许多棘状突起的水生动物称为棘皮动物。它们的身体不分节，形状多样，有星形、球形、圆筒形或树枝状的分支等。海星、海胆、海参都是棘皮动物。

大多数动物的两侧对称，即身体左右两侧的器官完全相同。而海星却与众不同，它的身体都是呈放射状，像星星一样，海星即因它的外形而得名。绕着海星身体的中心圆盘，伸展着5条或更多的腕。不同颜色的"五角星"轻伏在海底，看上去格外漂亮。它们不会游泳，它们依靠腕在岩石、海底或海床上爬行。海星的嘴长在身体底面腕的正中央，而肛门却在身体的上面。

海参的形状就像一根"黄瓜"，所以它又叫"海黄瓜"。

别看海星的外貌生得很好看，其实它可是一个不折不扣的"食肉动物"。海星主要捕食一些行动较迟缓的海洋动物。捕食时，先用身体将猎物包住，然后从嘴巴里翻出胃囊，并分泌出消化液，消化过后再将胃囊缩回体内。

尽管海星是一种凶残的捕食者，但是它们对自己的后代都温柔备至。海星产卵后常竖立起自己的腕，形成一个保护伞，让卵在内孵化，以免被其他动物捕食。孵化出的幼体随海水四处漂流，以浮游生物为食，最后成长为海星。这只是它繁殖后代的一种方式，另一种缘自海星强大的再生能力。即使把海星切成小块，它们在海洋里仍旧能够存活下来；并且，每一个小块都会长成一个海星。

海胆，别名刺锅子、海刺猬，体形呈圆球状，就像一个个带刺的紫色仙人球，因而得了个雅号——“海中刺客”。它也是棘皮动物的一种。渔民常把它称为“海底树球”“龙宫刺猬”。世界上现存的海胆约有850多种，我国沿海约有150多种。常见的如马粪海胆、大连紫海胆、心形海胆等。

海胆

海胆主要分布在水深10米以内的浅海区域。在海藻丰盛的礁岩底和石缝间，通常都会看到生长着的海胆。白天，它们都躲在石缝里面，晚上才出来寻找食物。它们依靠身上的棘刺行走，行动缓慢，寻找各种藻类和浮游生物做食物。

在幽深的海底，生长着一种“植物”，形态同百合花那样的美丽，人们叫它“海百合”。它并不像陆地上的百合花一样是植物，它和海葵一样也是十分凶残的动物。不过它的漂亮外表倒是和百合花相近，因此人们给它起了个植物的名字。它也是棘皮动物的一种，栖息的地方也主要集中在浅海一带，它们主要借助腕上羽枝的摆动在海底移动。

海参也生活在浅海海底。全世界约有500多种，我国沿海常见的有60余种。其中大多数种类能食用，有很高的营养价值，素有“海中人参”之称。海参呈圆柱状，一般长达30～40厘米，前端有口，口旁有20只触手，后端有肛门。遇到危急情况时，海参常常把内脏排出体外，自己则趁机溜走。经过几个星期的休养生息，一套新的内脏器官又会重新在它的体内形成。

海参的药用价值

海参不仅可以成为人们饭桌上的一道佳肴，它还具有一定的药用价值。在中国的古籍中，就有过“海参温补，足敌人参”的说法。海参中含有高蛋白、低脂肪和丰富的铁质及多种氨基酸，不含胆固醇。这些对预防和治疗高血压、冠心病都很有好处。

鱼类

鲑鱼的一生颇具传奇色彩：它在广阔的海洋中生活数年后，长成约 1 米的成鱼，然后就逆流而上，不顾一切地向它出生的河川游去，然后在那里繁衍直至死亡。它是一种以其鲜美的味道而出名的鱼，也被称作 “大马哈鱼”。

鱼类的生存空间可比其他动物大得多,因为地球上 70% 的地方是水。从浩瀚的大洋到涓细的溪流，只要有水的地方就有鱼类的存在。鱼类是依靠鳃来呼吸的唯一物种，这也是最简单的判断一种动物是不是鱼的方法。但有一个例外，非洲的肺鱼是从空气中得到所需要的大部分氧气。目前已知鱼类达 18 000 多种，有的色彩斑斓，有的丑陋龌龊，它们构成了五彩缤纷、生机勃勃的水下世界。

在中国东南沿海一带海域，至今还生活着一种身体半透明的小动物，因为首先在中国文昌县发现，所以叫它文昌鱼。达尔文曾把这称为 “最伟大的发现”，因为它 “提供了揭示脊椎动物的钥匙”。其实，文昌鱼并不是真正的鱼，它没有脊椎骨，只有一条纵贯全身的脊索作为支撑身体的支柱，这种支柱是脊椎的先驱。在它以后发展起来的动物，像鱼啊、鸟啊、兽啊，以至于人都是脊椎动物。这些脊椎动物的器官和机能有千差万别，但脊椎的构造基本相同。

鱼类的身体一般分头、躯干和尾三部分。它们用鳃呼吸，用鳍保持身体平衡及变化行进方向。大多数鱼体表有鳞，皮肤可以分泌黏液，有的鱼

小鲑鱼在河流中生活期间，会自觉地学习游泳技巧，在退潮时游向大海，在涨潮时游向河川，这样的操练将为它们以后的回归旅程做好准备。

具有毒腺，是攻击和防卫的武器。

鱼类的鳍可以维持它们在水中的平衡、方向和速度，就像飞机尾翼一样。有的鱼身上有很多鳍，但每个鳍的作用都不一样。背鳍对鱼体的平衡有着很重要的作用，要是没有背鳍，鱼的身体就有可能侧翻。胸鳍和腹鳍也同样有着保持平衡的作用。没有它们，鱼就会在水里左右摇摆。尾鳍是用来掌握方向的，没有尾鳍，鱼就不能转弯了。所以说，鳍对鱼来说是非常重要的。它还有感知水流的作用，因此鱼不能失去鱼鳍。

蝴蝶鱼体型瘦瘦扁扁的，呈椭圆形，适合在珊瑚丛中来回穿梭

人们可能觉得海马不是鱼，但它的确是一种特殊的鱼。大多数动物都是由雌性生育新的生命个体，而海马家族的新生命却全部是由海马爸爸来生育的。人们以为鱼在游泳时，总是头朝前尾朝后的，但是海马却是将身子垂直在水中，头朝上尾在下做直立游泳的。这也给海马的捕食带来一些不便，但我们不用担心，海马忍饥挨饿的本领非常强，往往三四个月不吃东西也不会饿死。

弹涂鱼也是一种非常奇特的鱼类，长得像小泥鳅，长 5 厘米到 9 厘米，体侧扁，无鳞，淡褐色的头上有斑点，簇簇如星。它可以同时适应水中和陆地上的生活。弹涂鱼没有肺，它们用喉部内那些发达的毛细血管呼吸。由于长期在陆地上生活，弹涂鱼的腹鳍演化成了吸盘，可以让它们牢固地呆在一个地方。

能够用肺呼吸的肺鱼，在古代时就在地球上大量繁殖了。这个物种到了现在仍然存在，真能称得上是“活化石”。它的肺部很发达，可以在没有水的情况下，依靠肺部呼吸而继续生存。在水中，它的鳍甚至可以像脚一样支撑着它的身体。澳大利亚肺鱼是现在肺鱼中最大的一个种类。它们喜欢在水流平缓、长满草木的河流和池塘中生活。夏天，由于池水干涸和植物残体腐败而导致水中缺氧，很多鱼在这时都死掉了，而肺鱼却能存活下来。

群居的鲱鱼

鲱鱼是一种生活在北海、英吉利海峡和波罗的海等地区的鱼类。这种鱼过的是一种群居的生活，常常都是几千条聚集在一起。一条鱼的力量是薄弱的，它们集中在一起是最有效的自卫方法。

软骨鱼类

人们在吃鱼之前都会先把鱼肚子里的内脏掏出来，这时就会发现鱼的肚子里有一个充满气体的囊。这个气囊叫作鳔，它使鱼能够在水中沉降、上浮和保持固定位置。可是鳐鱼和鲨鱼却没有这个器官。它们在海水中升降主要依靠鳍，因而它们的鳍十分发达。但是不同于其他鱼类，它们的鳍内都是软骨，因此它们被称为软骨鱼类。人们在距今4.5亿年前的志留纪地层中，就发现了最早的软骨鱼化石，这一物种到现在还生活在地球上。

鳐鱼又名“平鲨”。它们身体扁平，生活在热带水域，头和躯体没有界限，周围由胸鳍张开与头侧相连，呈圆形、菱形或扇形。多数种类的鳐鱼，尾巴像鞭子一样细长，没有臀鳍，尾鳍也已经退化，游泳的时候利用胸鳍做波浪形的运动前进。为了适应底栖生活，鳐鱼的眼睛经过长期的

鳐鱼胸鳍和头部组成庞大的菱形

鳐鱼背部的着色有伪装保护作用，体色与沙堆色融为一体，静静等待送上门来的美味。

演化，和喷水口一起长在头顶上。而它的口、鼻和腮裂则长在它身体的底侧。

虽然它的样子看上去很奇怪，但是它却不凶悍，也不会主动攻击人。更多的时候，它们只是潜伏在水底，不大爱游动。但一旦它被惊动，它尾巴上的毒刺就会成为它攻击的武器。它的尾巴强壮而坚硬，被它的尾巴击中，伤口往往疼痛难忍；要是不及时进行救治，受伤者甚至还会有生命危险。

鳐鱼主要分布在南太平洋和南美洲东北沿海。除此之外，在世界所有的温带和热带的浅水中都有分布。鳐鱼是一个大类的总称，这一大类下面还分有很多种。目前全世界发现的鳐鱼就有 100 多种，它们的共同特征就是都拥有扁平的身体。鳐鱼在小的时候主要以生活在海底的动物如蟹和龙虾为食，长大以后它就会捕捉像乌贼这些软体动物为食。

蝠鲼是鳐鱼中最大的种类。蝠鲼的身体略呈菱形，成鱼的体长可达 7 米，体重有 500 千克，尽管蝠鲼有一张 50 厘米宽的大嘴，可蝠鲼却是一种非常温和的动物。和其他种类的鱼不同，蝠鲼专吃小型的浮游生物，张开大口，和水一起吞下，滤过海水而食。蝠鲼游泳时，扇动着三角形胸鳍，拖着一条硬而细长的尾巴，像在水中飞翔一样。但是在受到惊扰的时候，它的力量足以击毁小船。

电鳐喜欢潜伏在海底泥沙里，饥饿时才从泥沙里钻出来。它最大可以长到 2 米长，它扁平的身体由很多蜂窝状的细胞组成，看上去像是两个扁平的肾脏。这些细胞排列成一个六角形的柱状物，被称为“电板”。这个电板可以向外发电，这个成为它觅食时的绝招。它向游进鱼虾群中频频放电，待对方被麻晕不能游动时，再痛快地饱餐一顿。如果遇有敌人来攻击时，它也依靠放电进行自卫。电鳐攻击敌人时，用头部的特殊肌肉可以产生 200 伏特的电压。

人们通过观察和研究电鳐的放电现象，发明了能够储存电力的电池。电鳐的发电器里就是一种胶状物，据此人们研究出了干电池正负极间的糊状填充物。

鳐鱼捕食

鳐鱼在捕食过程中，嗅觉起了至关重要的作用。它们伏在海底，用闭口呼吸法将食物吸入口中，并且避免了泥沙的进入。在呼吸的过程中，水会从头顶的管路吸入，然后从腹面的腮裂流出。

水中的哺乳动物

美国海洋生物学家科琳·卡什佳克和罗纳德·舒特曼，1991 年曾对一头名叫“里奥”的雌性海狮进行了较为复杂的字母和数字的记忆测试，10 年后，他们惊奇地发现，在没有任何提示的情况下，这头海狮能利用它超常的记忆力轻而易举地对付这些“小把戏”。这种聪明的动物就是生活在水里的哺乳动物。

其实，相对于水里的环境，哺乳动物似乎更适合在陆地上生活，陆地是它们的乐园。可就是有一群哺乳类是适应生活在水环境里的特殊类群，如鲸、海獭、海狮、海豹、海牛等。它们已经适应了水中的生活，拥有纺锤型或流线型的体型。但它们仍然是恒温动物，用肺呼吸，保留着若干哺乳动物的特征：胎生的、以母乳哺育幼兽。

海豹和海狮、海象共同的特点是一般在海洋中生活，有时则到岸边来休息，抚养子女。它们以鱼类为食。都有流线型的身体，皮下有厚厚的脂肪来抵御寒冷的海水。所有的鳍状肢在水中都可以当作桨来使用。海狮和海狗是近亲。它们和海豹的区别为：海狮及海狗的鳍状后肢可朝向前方，所以能够在陆地上行走，而海豹则不能。此外，有如小指头般的耳朵也是海豹所欠缺的特征。海狮的后肢可以转向前方，在沙滩上可以用来走路。

这些生物都具有极其聪明的大脑，美国特种部队中有一头训练有素

海牛是海洋中唯一食草的哺乳动物，它的食量很大，每天所吃水草的重量相当于自身体重的 5% ~ 10%。它的肠子长达 30 米，有利于慢慢地消化和吸收。海牛吃草像卷地毯一般，一片一片吃过去，真是名副其实的水中“除草机”。

海獭一天当中约有一半的时间在整理皮毛。

的海狮，曾在1分钟内将沉入海底的火箭取上来，而人们只要给它一点乌贼和鱼作"报酬"，它就满足了。

海象顾名思义，即海中的大象。它的躯体巨大而形状丑陋，皮肤粗糙而多皱纹，眼睛细眯，犬齿突出口外。海象是游泳健将，在水中的表现比陆地上灵敏得多。为了适应海洋生活，海象还可以变换体色。在太平洋、大西洋都有其踪影。它是一种经济海兽，人们开始了对它的捕杀。而且，这些大家伙喜欢群居，并且非常团结。倘若自己的同伴受伤了，它们肯定要前去营救，不会只顾自身安全而逃走的。所以，捕获海象并不难。过度的捕猎导致海象的数量由两三世纪前的数百万头锐减至今天的大约7万头以下。现在，海象已经成为一种珍稀动物了。1972年制定的"国际海洋哺乳动物保护条例"已经把海象列为保护对象，禁止人们随意捕杀了。

海獭是大约1万年前才入海的"新"成员，小而圆的头上，长有非常明显的胡须，小耳朵藏在毛里，样子看上去就像一只大老鼠。海獭一天当中约有一半的时间在整理皮毛。通过梳理，既能保持毛皮整洁，又能促进皮脂腺分泌，使毛皮在水中形成一个隔热屏障。此外海獭还会使用工具，经常从海底捞取石块放在胸部做砧，在上边敲碎贻贝的硬壳后取食。

海牛是海洋中唯一食草的哺乳动物，它的食量很大，每天吃水草的重量相当于自身体重的5%～10%。它的肠子长达30米，有利于慢慢地消化和吸收。海牛吃草像卷地毯一般，一片一片吃过去，真是名副其实的水中"除草机"。海牛的外形与儒艮（别名美人鱼）相似，身体呈纺锤型。它与儒艮的区别在于尾部形状的不同：海牛的尾巴呈扇形，而儒艮的尾巴是扁平分叉的。海牛习惯昼伏夜出，白天在深海睡觉，晚上出外觅食。虽然海牛的身躯肥大，但个性温和，是水中"温柔的巨人"。

河马

生活在非洲热带河流的河马，也是一种生活在水中的哺乳动物。它们大部分时间都在水里度过，它们的皮肤一离开水就会干裂。潜在水中，河马会每隔3～5分钟把头露出水面呼吸一次。它们有时甚至可以潜在水里半个小时，而不用换气。

海星

海星不会游泳，它依靠腕在岩石、海底或海床上爬行。

生活在海洋里的海星天生一幅美丽的外表。它们常常把扁扁的身体贴在岩石上，展开自己的多个腕，整个形状看起来就像空中闪烁的星星一样，再加上它们身体的鲜亮颜色，看上去更是美丽迷人。

一般情况下，它们都生有5只腕。但有的则会长出更多，甚至能长出几十只那么多，但都是5的倍数。它们也被称作“星鱼”，是一种生活在大海深处的动物。在每一只腕足的顶点上都有一只眼睛，叫做“眼点”。其实海星的视力并不好，这些眼点并不能够看清物体，只能帮助它们分辨明暗。

海星的身体就是由这些腕足和它们交汇处的体盘组成。它的腕足下侧，并排生长着数列密密的管足。海星就是依靠这些管足来爬行和捕捉猎物的。它的背部稍稍向上隆起，拥有浅黄、橙红等这样鲜艳的颜色。平坦的腹面上有它的“嘴”。

海星的种类有很多种，光分布在中国境内的就有50多种。有罗氏海盘车，它长得像一枚五角星。还有面包海星，它的身体向上突起，就像是一顶帽子一样。还有一种具有奇幻的蓝色的海星，它的腕很短，叫做“海燕”。还有一些长着奇特的外形，有的腕很细，像是鸟类的爪子，被叫做“鸡爪海星”。有的形状像是荷叶，叫“荷叶海星”。

从海星的外貌，我们很难想像得出它是一种贪婪的食肉动物。它们是惟一不经过嘴而直接用胃吃东西的动物。贝类就是它们可口的食物。海星在捕食贝类时，先用腕上的管足捉住猎物，再用整个身体包住它。海星将猎物死死抱住，毫不放松。直到贝类精疲力尽，两个壳之间放松，海星趁这时分泌出消化液麻醉贝类。或者是用管足吸住贝类的外壳，将双壳拉开后，海星就会从嘴里把胃翻出来，伸进壳里把贝肉消化掉，吃完之后，它才会满意地把胃缩回身体里。不仅如此，它们还会残忍地捕食

自己的亲眷——海胆，甚至会自相残杀。

面对如此强大而凶残的敌人，被捕食者为了保全生命，也都有了一些应对之策。海洋中有一种大海参，它遇到海星并且感觉到危险的时候，它就会在水中猛烈地翻滚。在海星还没有来得及抓住它的时候，它就趁乱逃走了。还有一种小海葵，当海星接近它的时候，它就会立即从自己攀附的礁石上脱离，顺着水流一直漂流到安全的地方。当扇贝遇到海星时，它们躲避的办法也很独特。它们会让自己的贝壳一张一合，迅速地游走。

海星是一种肉食性的棘皮动物，身体呈五角形。与众不同的是，它能把胃从口腔翻到体外，用来捕捉和消化食物。

此外，海星还具有一个超强的本领，那就是极强的再生能力。当它在前进中，腕被石块压住或者是遇到敌害的时候，它会自动把被困住的腕折断。不用担心海星会就此失去一个腕，过不了多久一个全新的腕就会重新长出来。即使它们被分成了几段，每一段也还是能够“恢复”长成一只海星。

在海边养殖贝类的渔民，都不喜欢海星。因为它们会吃掉自己所养的贝类。他们捉住一只海星，绝不会把它剁成几段扔回大海。因为那样会使海星“复活”，同时还会生成更多的海星，造成更大的灾害。他们的办法是把海星扔在海滩、岩石上晒死。因为海星背上坚硬的皮肤具有呼吸功能，如果它们的皮肤脱离水中过久，就会因为水分蒸发，无法呼吸而干死。

海星的大小

海星的个体大小差异很大。目前，人们已知的最小的海星是在伍佛盖·佩尼苏拉西海岸发现的海燕海星。这种海星的最大半径仅有 0.45 厘米。而有一种生活在澳大利亚大堡礁的海星，它的腕展开有几米长，可以说是世界上最大的海星。

珊瑚

生活在大海的珊瑚有着像植物一样的外表，它的外貌像是一棵有根、茎、枝、芽的树。所以，在很长一段时间内，人们都把它当作一种植物来看待。其实，经过长期的观察和研究，珊瑚是一种低等动物。它们喜欢生活在温度比较高的浅海里，许多微小的珊瑚虫紧紧连接在一起，就形成了那一簇簇像分叉树枝一样的美丽珊瑚。

珊瑚虫是一种奇怪的小动物，又叫水螅。它的外观就像只小型海葵，它们开口的地方长着许多触手，也像海葵一样用触手捕食浮游动物。常见的水螅有灰褐色的褐水螅，它的基柄部呈淡白色；还有一种深绿色的绿水螅，它身上的颜色是一种单细胞藻类和它共生的结果。这种小生物喜欢集体生活在一块儿，它们一群一群地簇拥在一起生长，就会形成像树枝一样的结构。水螅的触手上布满了刺细胞，它们运用这样的武器捕食水中的小动物。通常情况下，它们都是附着在水草和石块上，它们的运动方式可以在附着物上滑动，也能够以翻跟斗的方式来行动。

在海底世界，珊瑚礁享有“海洋中的热带雨林”和“海上长城”等美誉，它被人们认为是地球上最古老、最多姿多彩，也是最珍贵的生态系统之一。

它们的生殖方式很奇特。到了繁殖季节，水螅的体面上可生出乳头状突起，也就是卵巢和精巢。这些可以使它们通过有性生殖的方式繁殖下一代。同时，它们还可以进行出芽生殖，这就是水螅独特的生殖方式。具体说来，就是在母体的身上会首先长出一个小小的肉芽，就像是植物发芽时长出的新芽一

样。慢慢的，这个小肉芽就会长成一个小水螅的模样。待到它发育成熟后，就会和母体脱离，自主生长了。

新生命不断的诞生，那些年迈的老珊瑚虫也会相继死去。在它们死后，它们的尸骨就会慢慢地堆积起来，形成像树一样的珊瑚。珊瑚就是这样由无数的珊瑚虫聚集而成的，其中石珊瑚的分布最广，它会分泌出石灰一样的物质，构成坚硬的骨骼，附着于海底。石珊瑚可以做石灰的原料、建筑材料、经济藻类（比如麒麟菜和凹顶藻）的养殖基石，还有一定的药用价值。我们平常见到的装饰用的珊瑚，大多都是经过漂白、干燥的石珊瑚。

珊瑚的外观如同植物，它的颜色鲜艳明亮，样子又与灌木丛一般，上面甚至还寄居有黑蛞蝓和蜗牛。但实际上它们却是地地道道的动物，与海葵同属腔肠动物中的花虫类。

蕈珊瑚的外形像一只蘑菇表面折的皱纹一样。它不依附在海底，而是单独漂浮在海中，在沙子中寻找有营养的东西当主食。有趣的是，如果它被翻过去，自己会慢慢地翻转回来。

大量的珊瑚聚集在一起就会形成珊瑚礁，美丽的珊瑚礁可是鱼儿们休息、避难的好场所。世界上最大的珊瑚礁是大堡礁。它沿澳大利亚的东北岸延伸了近 2 000 千米，总面积约有 21 万平方千米。

珊瑚礁露出海面便成了珊瑚岛。由于珊瑚虫最好的生活条件是平均水温 25 ～ 30℃，水深 30 ～ 40 米而且洁静的浅海，所以珊瑚岛多分布在赤道附近，珊瑚岛通常面积较小，很少有超过 100 平方千米的。位于太平洋中部的瑙鲁是一个典型的珊瑚岛，整个岛型呈椭圆形，四周为珊瑚礁环绕。全岛 3/5 被磷酸盐所覆盖，是世界上重要的磷矿产地之一。

珊瑚跟人类的生存有密切关系，它们可以减弱海浪的冲击力，保护海岸线和海滩。珊瑚礁是海洋生物生存的好地方；珊瑚礁还能在营养不充足的水域里养育些珍珠贝、龙虾等动物。我国的法律做出了禁止毁坏海岸珊瑚礁的规定，后来又在海南三亚建立了珊瑚礁自然保护区。

寿命最长

珊瑚的成长速度非常慢，平均每年只增长一厘米左右。以此推断，现在生活在大洋里的那些大型的珊瑚，少说都有几十年甚至上百年的寿命了。绿岛海域南寮渔港外有一株高达 12 米的珊瑚，它的寿命应该有 1 200 多年了，算得上是寿命最长的动物。

螃蟹

自然界中有一种螃蟹，它寄住在贻贝里。它们只要一爬进贻贝里，就不再出来，把那里当作自己的家，自己充当起了看门人的角色。人们给了它一个形象的名字——“被看门人”。生活在贻贝里的这种蟹，只有拇指大小。它们和贻贝相处得还算和平。贻贝会不断地开合自己的外壳以换水换气。在此过程中，水流会带进来很多的微小生物，这刚好为寄住在里面的小蟹提供了丰富的食物。但如果食物供给不足了，小蟹就会开始啃食贻贝的肉了，所以贻贝必须得很辛苦的工作才可以。当小蟹长大了，它们的身形大到无法走出贻贝，就只好一直住在贝壳里了。

螃蟹的躯体由头部、胸部和腹部构成，头部常与胸部合称头胸部。

说起螃蟹，人们都会想到在河流、海洋和沙滩上它们的身影——它们穿着厚厚的盔甲，举着一对粗壮的“大钳子”，8 只锐利的硬爪，就好像 8 把利剑，样子看上去很威武。最奇妙的是，它们跟别的动物的走路方式完全不同，它

们可以横着行走。

螃蟹的一对大螯，像大钳子一样，是最厉害的防身武器。螃蟹的眼睛可以上下伸缩，伸出来时像两个瞭望的“哨兵”。螃蟹是一种生活在水中的动物，它们和鱼一样用鳃呼吸。螃蟹的鳃长在身体两侧，由很多松散的鳃片组成，表面由坚硬的壳保护着。但是和鱼类不同的是，螃蟹离开水也不会干死，因为它们的鳃片可以储存水分,所以它们敢在陆地上“横行”。

很多人都认为，螃蟹是一种没有骨头的动物。因为在吃螃蟹的时候，只会看到它身体外面那层硬硬的壳，壳里面全都是肉，根本找不到一根骨头。其实，螃蟹外面的那层硬壳就是它的骨头，只不过，这种骨头长在肉的外面而已。科学家给它起了个名字，叫做“外骨骼”。人们常见的虾、蜈蚣、蝎子是长外骨骼的动物。

古人称螃蟹为“无肠公子”，其实，它是有肠子的。翻开螃蟹的下腹部，就可以在蟹脐正中央看到一条细长的“黑线”，这就是螃蟹的肠子。

所有螃蟹都是横着走路的，这中间的秘密在于它们的运动器官跟别的动物不一样。原来，螃蟹的 8 只脚都与头胸部连接着，不能转动方向。它们脚的关节只能向下弯曲，向左右移动，而不能向前爬。走路的时候，螃蟹先用一侧的脚抓地，然后再用另一侧的脚在地面上伸直往一侧推，这样，它们就横着走动开了。

在海底，有一种寄居蟹。它的头胸甲都非常窄，无法完全包裹住自己的腹部。所以，它们常常都会找一个软体动物的外壳钻进去，只把头甲和一对大钳子露在外面，用前面两对细细长长的步组来爬行。这种蟹和海葵之间形成了一种合作互助的共栖关系。它把海葵顶在自己的螺壳上，让它为自己看家，做自己的门卫。海葵具有有毒的触手，若是有其他动物靠近，它就会用自己的触手把它们蜇走。而寄居蟹就成为了海葵的交通工具。海葵自己没有办法移动，要是它攀附在一块礁石上就很难在移动到其他的地方。不过，在寄居蟹的身上，它就可以随着寄居蟹四处游走。这样，它就会有更多的捕食机会，也能避免被细沙湮没。它们之间的友谊非常深厚，当寄居蟹长大，原来的螺壳不能在容纳它的时候，它就会重新寻找更大的“房子”。等到它找到了，它不会忘了陪伴自己的好伙伴，它会把海葵也搬到新“房子”上，它们两个可以继续一起生活。

螃蟹的泡泡

夏天，人们经常会看到离开水的螃蟹吐出许多泡泡来。这是由它独特的呼吸方式引起的。当螃蟹离开水到陆地上来后，它会吸进大量的空气，这些空气与鳃大面积接触，通过呼吸挤压，鳃里储存的水分和空气由口器两边吐出来，就形成了一串串的泡泡。

虾

在大西洋中，人们发现了一种会发光的螳螂虾。它们身上会发出一种荧光，它用这样鲜艳的光亮来恐吓敌人或是吸引异性。这种虾的身形并不很大，能长到22厘米，但是它却是一种残暴的食肉动物。在中国，它还有一个别名叫做“赖尿虾”。因为人们在抓它的时候，它的腹部就会射出无色的液体，所以人们给它起了“赖尿虾”这个名字。

虾类通常都生活在浅海海底，平时爱在泥沙中爬行。它们的身上披着一层硬硬的甲壳，在海中，就像一个威风凛凛的“武士”。人们常见的虾类有对虾、龙虾等。虾类成对的细脚和长长的像胡子一样的触须，能够帮助它们在海底自如地四处游走。

龙虾胸部有一对很威武的大钳子

虾的胸部和腹部长着许多对脚，用来游泳和保护自己的卵。头部两对细长的触角，不仅可以用来探知周围的情况，也可当作捕捉食物的利器用。它的一对尾节呈扇形，既可以掌握身体平衡，又可以在遇到危险时帮助虾逃跑。

人们可以看到，虾类通常都是弓着身子的，其实这也是有原因的。生活在浅海里的虾，会被那里的许多动物当作食物，也经常会遭到别的动物的袭击。虽然它们胸前也有一对像钳子般的大螯肢，但那主要是用来夹食物的，根本对付不了敌人。所以，它们就采取了另一套方法，就是弓着身子。在遇到危险时，虾类就会用力弓起腰，然后猛地一跳，逃出老远，再用尾巴和身上的其他小脚拼命划水。它们这样一弓一跳的动作是用来逃命的。

虾类中体型最大的要数龙虾。它们身披着红色的外衣，胸部有一对很威武的叫做“螯肢”的大钳子。大钳子上面带有牙齿形状的突起，可以夹碎贝壳，是保护自己、捕

食猎物的重要武器。因为它们的体型和颜色非常容易引起注意，所以龙虾白天一般躲在石缝中，晚上才出来寻找食物。

说起对虾，很多人都以为它们是一雄一雌，成双成对生活在一起的。其实不是这个样子。因为对虾体型比较大，吃起来味道鲜美，很受人们喜爱，渔民们在市场上卖的时候，都喜欢用“对”来计算，慢慢地，“对虾”就出名了。

磷虾的外形和对虾基本相似，它们也像武士一样将头和胸用硬壳包裹着。头上除了两根鞭子似的触角很引人注意以外，还有两个黑色的小圆球，那是它的眼睛。磷虾主要生活在距南极大陆不远的南大洋中，它们不善游泳，在海洋中过着一种漂浮的生活。由于磷虾体内含有丰富的蛋白质，所以生活在南极的企鹅和鲸类都以它们为美食。现在，就连人类也开始了对它们的大量捕捞。

再说说那种会发光的螳螂虾，它们身上发出的荧光会和水里的蓝光形成强烈的对照，因此这种光在水里比在空气里更鲜明。在发光的同时，它们会把自己的头和胸抬得高高的，并且展开自己的附属肢体，使它看起来更加高大威猛，同时也能突显出它身上的颜色斑纹。此外，螳螂虾还拥有一套复杂的色彩视觉系统，能够看见人类肉眼无法看得见的紫外线。

对虾生活在暖海里，夏秋两季能够在渤海湾生活和繁殖，冬季虾要长途迁移到黄海南部海底水温较高的水域去避寒。

卡达虾

卡达虾是一种泥绿色的虾，它们的身体大约有5厘米长。它们的虾螯一大一小，大的那一只可以长到2.5厘米。这种虾主要生活在热带海洋的浅水区域，与虾虎鱼之间有一种奇妙的共生关系。

鲨鱼

鲨鱼身体坚硬，肌肉发达。

鲨鱼是生活在海洋中的一种动物，只有极少数生活在淡水里。很多人和动物都说它们是凶猛的“杀手”，它们确实是靠吃肉为生的动物，但其中只有很少一部分会攻击人类，大部分还是和其他野生动物一样，见到人就会避开的。而且它们和人类之间，还有这样一段不解的故事。

1986年1月5日，美国罗莎琳小姐的船在海上遭遇沉船。她穿着救生衣漂浮在海面上，抱着一块一两米长的木板大约漂了几个小时。这时她看到一条鲨鱼向她游来，她心想这下完了，自己就要成为鲨鱼的盘中餐了。然而出乎她意料的是，这条鲨鱼并没有取她的性命，而只是把她的救生衣撕了个粉碎。之后，又有一条鲨鱼赶来，丝毫没有要伤害她的意思。这两条鲨鱼就一前一后保护着她。这两条鲨鱼的保护圈之外，还有大约四五条鲨鱼对罗莎琳张着血盆大口，但都被她的两个“保镖”挡在外面。还有一条潜入水底，给罗莎琳送来一条被咬掉尾巴的鱼。直到救援的直升机发现了她，这两条鲨鱼才慢慢潜回了海底。当罗

莎琳最后清醒后，她才得知她的同学已经葬身海底了。而她就是因为那两条鲨鱼的保护而活了下来。这个“鲨鱼救人”的故事，一直以来都是人类生物史上的一个谜。

在海洋世界中，鲨鱼可是个可怕的“杀手”，它们在海洋里巡逻，如果闻到美味的食物，就会兴奋地冲上前去。特别是遇到血腥的味道，它们就会到处乱冲乱撞，碰到什么咬什么。如果一头鲨鱼在攻击鱼群时，其他的鲨鱼也闻到了这股血腥味，它会兴奋地加入进去，疯狂大吃。有时候，它们太兴奋了，甚至还会吃自己的同伴呢。它们的尖牙非常厉害，就像“钢铁捕兽器”一样。它们就用这样一排排密密麻麻的锋利尖牙咬住猎物。其他动物遇到这样厉害的武器，只好自认倒霉，乖乖地任由鲨鱼撕扯和磨碎了。大部分鲨鱼的牙齿呈三角形，它们组成几排长在嘴巴里。前面的牙齿用坏脱落后，里面的牙齿就会突出来。

鲨鱼的牙齿有几百颗，可以移动，因此鲨鱼不用担心牙齿不够用，因而具有很大的攻击力。

鲨鱼体内没有真正的骨头，构成它们骨架的全是软骨。软骨是一种能弯曲的组织，正是有了软骨的支撑，嘴巴这样的器官才不会变得软塌塌的。鲨鱼就是这样一种软骨的鱼类。

长尾鲨的外形很像一把刀子，它的身体很粗，头部短小，突出的还有一条神奇的长尾巴。它们的尾巴可以用来拍打海水，把鱼群震晕，然后，它们就会张开大嘴，冲进鱼群里大吃特吃。

鲸鲨被称为“鲨王”，是因为它是世界上最大的鲨鱼，可是它们一点儿也不凶猛。鲸鲨可以长到20多米，体重相当于4头大象体重的总和。别看它们身体那么大，但却只吃鱼、虾、乌贼等小型动物。鲸鲨的腮弓里具有很多海绵状的“过滤器”。它在进食的时候，它会先把海水和小生物一起吞进嘴里，然后再让水从腮流出，把那些小生物“过滤”到嘴里，做自己的食物。

大白鲨才是一种真正可怕的“杀手”，它们可以长到一辆公共汽车的长度。大白鲨非常凶猛，它们可以轻易地把猎物咬成两半，可以不费力气地吞下一整只海豹，它们还会攻击人类，相当危险！

鲨鱼的鳞片

鲨鱼不像其他的鱼类一样，拥有明显的鳞片。它的鳞片属于盾鳞，一般的鱼都是瓦状的骨鳞。鲨鱼的这层鳞片使它的皮肤也有杀伤力，像锉一样，被它碰到也是血肉模糊。

海葵

大海的深处，生活着很多色彩艳丽的海葵。海葵是海里常见的一种腔肠动物，它们长着许多细软而半透明的触手，当它们的触手全部伸展开来时，就好像葵花开放一样。它们的体色很美丽，有淡黄、绿、红、蓝等多种颜色。海葵不能独自生活，它们必须依附其他动物共同生活。在海洋中，它和寄居蟹的关系很好。它们会爬到寄居蟹的背上，让寄居蟹背着它四处活动。海葵没有脚，寄居蟹可以背着它迅速移动，四处寻找食物；而海葵则可以在寄居蟹碰到敌人时，用有毒的触手帮助它攻击敌人。它们的身体底部有一个强有力的吸盘，可以把它们牢牢地固定在岩石或是淤泥上。

小丑鱼产卵在海葵触手中，孵化后，幼鱼在水层中生活一段时间，才开始选择适合它们生长的海葵群，经过适应后，才能共同生活。

海葵所归属的腔肠动物类的最大特点是，它们的身体中间都会有一个空腔，既是用来消化的器官，又是体腔。这类动物都只有一个孔，同时起着口和肛门的作用。腔肠动

物有两种体型：一种为钟型或伞型，比如水母；另一种为圆筒型，比如珊瑚。

和所有动物一样，海葵也捕食猎物，当有像小鱼这样的猎物从它们身边经过时，它们就会伸出触手击中猎物。海葵的触手尖端长有许多丝样的“刺细胞”，这些“刺细胞”是它的秘密武器，它可以喷出毒汁，麻痹猎物，然后再用触手将猎物送入口中。它们触手中央的口还具有肛门的功能，吃不下的食物残渣也会从这里吐出来。

海葵的触手中含有有毒的刺细胞，海洋动物难以接近它。由于行动缓慢，它经常饿肚子。小丑鱼会带来食物与海葵共享；当小丑鱼遇到危险时，海葵会用自己的身体把它包裹起来，保护小丑鱼。

海葵会喷出毒汁麻痹从身边经过的小鱼，但是它们与小丑鱼却是“好邻居”，它们不会对小丑鱼喷射毒液，因为小丑鱼身上会分泌出一种黏液，让海葵误以为小丑鱼是它们的同类。小丑鱼住在海葵的触手中间，用它身体漂亮的颜色给海葵引来很多小动物；海葵将这些动物吃了后，会吐出一些吃剩下的猎物给小丑鱼分享。它们真是“相依为命”呀。

在海葵的保护下，小丑鱼可以免受其他大鱼的攻击。它们在海葵的触手丛安心地筑巢、产卵。在成熟的过程中，小丑鱼会经过一个有性转变现象，在族群中雌性为优势种。待到它们产下卵，雌鱼和雄鱼都会有护巢、护卵的领域行为。大约在一星期之后，幼小的小丑鱼就会从卵壳中孵出。

小丑鱼自由进出海葵的触手间，也可以为海葵吸引来其他的鱼类做食物，为海葵提供了更多的捕食机会。同时，小丑鱼的游动，可以减少残屑在海葵丛中沉淀，使海葵保持清洁。此外，它们还能帮助海葵除去海葵的坏死组织及寄生虫。借助于它们之间的摩擦，海葵也可以帮助小丑鱼除去身体上的寄生虫或霉菌等。它们两个相处得非常和谐，这种关系人们把它叫做互利共生。海葵和小丑鱼，正是海洋中这种关系的代表。

等到年幼的小丑鱼长大，它们就会离开原来居住的海葵，自己到外面去寻找新的海葵。海葵和小丑鱼并不是一开始就能很和睦地相处，它们之间也是需要一个相互熟悉和相互适应的过程，才能真正的在一起生活。并不是每一个海葵都能成为小丑鱼的家园，小丑鱼只能在特定的对象中生活。没有海葵的小丑鱼，只是缺少了一重保护，它们还是可以继续在海洋中生存的。

海葵的大小

最小的海葵大约只有米粒大小，仅有 0.05 厘米高，直径为 0.2 厘米。再大一点的有碗那么大，直径达到 60 多厘米，高度为 30 厘米。但有一种热带海洋盘，它的直径就有 1 米多。

金鱼

古时候，人们说金鱼的老祖宗鲫鱼是来自天上的神鱼，所以不但不敢食用，还把它们投入放生池中喂养。渐渐地，我们的第一代品种——金鲫鱼就出现了。大约从 800 多年前开始，人们就把金鱼由野生收为家养。在家养的池子里，金鱼度过了大约 300 多年的时间。从 450 多年前开始，金鱼从池养改为家庭盆养。人们在家里的金鱼缸里欣赏金鱼的同时，开始保护、保存一些外形美丽的品种，而把一些不太好看的品种淘汰掉。金鱼经过若干年的家养，尤其是到后来，人们有意识地进行人工杂交、人工选择，终于形成了今天如此众多的令人眼花缭乱的金鱼品种。

现在，经过人们的精心培育，金鱼已经发展到 2 000 多种，成为人们生活中最常见的一种鱼类，有人称它们为“活在水中的能够游动的花朵”。杭州人就特别喜欢金鱼，大部分杭州人的家里都养有金鱼。他们把金鱼当作吉祥、幸福和美好的象征。金鱼是由野生鲫鱼演变而成的，由于受到外界环境的影响，鲫鱼身上的灰黑色消失或转换成红黄色。今天的金鱼和它的老祖宗已经没有任何相像的地方了。

中国是金鱼的原产地。早在宋朝初年，人们就发现了金鱼的观赏价值，于是就开始了专门的饲养。经过培养繁殖，现在金鱼的颜色五彩

有人将游姿优美的金鱼称为“活在水中的能够游动的花朵”。

缤纷，有红、黄、黑、蓝及各种花斑杂色的；它们的体型多姿多态，有长身型和短身型的，有垂着尾巴的，也有展着尾巴的；它们的头型也是变化多端的，有平头、鹅头和狮子头的；它们的眼睛各种各样，有龙眼、朝天眼、水泡眼。金鱼由不同的颜色、体型、头型、眼睛搭配，出现了许许多多漂亮的品种，是鱼类中最雍容华贵的成员。

金鱼是我国人民乐于饲养的观赏鱼类。它身姿奇异，色彩绚丽，可以说是一种天然的活的艺术品，因而为人们所喜爱。

目前，金鱼已经有草种、文种、龙种、蛋种、龙背几大类了。草种金鱼是金鱼的祖先。它们的身体扁平，像一个纺锤，和鲫鱼非常相似。文种金鱼的身体都很短，鱼鳍很长，是金鱼中体型最大的一类，主要由虎头类和珍珠类组成。它们的尾鳍分叉为四，眼球平直不突出。龙种金鱼的外形和文种的很相似，体型短，只是它们的眼睛是凸出于眼眶的。龙种在金鱼中算是金鱼正宗，有很多名贵的品种，像是凤尾龙睛、黑龙睛、玛瑙眼、葡萄眼、灯泡眼等。蛋种金鱼的背上没有鳍，体型又短又粗，就好像一个蛋。龙背金鱼是由龙种金鱼演化而来的新品种，具有极大的发展潜力。

金鱼有那么多种类，它们的外形千姿百态，如何区分什么样的金鱼好、什么样的金鱼不好呢？其实，方法很简单，你可以从色彩、形态和运动三个角度去观察，凡符合色彩美、形态美和运动美三个标准就是好品种的金鱼。金鱼虽然极具观赏价值，但它们中的有些品种非常娇气，需要人很好的照顾。饲养环境的光线、水质、容器、食物等一旦出现问题，都会导致金鱼生病。金鱼的体色变淡就是其中一个病症。有一种说法叫做“养鱼先养水”就强调了水质管理的重要性。

金鱼家族

金鱼家族中的乌龙眼不仅眼睛突出，全身漆黑，而且它的尾巴又大又长，非常漂亮。水泡眼就是因为它的眼球下生有一个半透明的泡泡而得名。珍珠鳞的鳞片含有很多的钙质，呈半球形。

扇贝

大海中生活着一大群背着“房子”的海洋动物，它们大部分长着形状各异、色彩缤纷的硬壳，硬壳里面包裹着它们柔软的身体，这就是贝类。巨砗磲蛤是最大的贝类，它又大又重，有的比两个成年人的体重加起来还重。它的双壳可以被里面强而有力的肌肉紧紧合住，没有人可以把它分开。可是，巨砗磲蛤两个壳的边缘总被海藻一样的东西盖了厚厚的一层，根本不可能完全合住，加上它关合时的速度很慢，所以即使不小心踩到巨砗磲蛤的壳里去,也完全可以把脚抽出来。

扇贝也是贝类的一种，它们之所以得名，是因为它们的贝壳形状很像折扇的扇面。它们生活在海里，所以人们又称“海扇”。人们吃的“干贝”就是用扇贝加工而成的。和其他贝类一样，扇贝像壳一样的背，可以对身体起保护作用。这些外壳色彩多样，折纹整齐美观，是制作贝雕工艺品的良好材料。扇贝有许多非常原始的眼睛，分布在美丽的壳的边缘上。它们的眼睛无法辨认物体形状，只能分辨明暗的差异。扇贝的贝壳里面包裹着厚厚的肉团。

它们用黏糊糊的“腿”附着在浅海岩石或沙质海底生活。它们一般是右边的壳向下，左边的壳向上，平铺在海底。扇贝平时不大活动，如果它们觉得环境不好或者有危险时，就会舍弃它的“腿”，用左右两壳一开一合，排水前行游泳。

扇贝是海中惟一会游泳的贝类。当它们遇到敌人时,会迅速从壳中间喷出一股强劲的水流,在水中形成一股冲击力,然后在很短的时间里逃跑。扇贝能够在水中快速游动,特别是幼小的扇贝。如果它们被养在人类的水族箱里，也许你会看到：它

们能像“飞”一样，瞬间从水族箱的底部“飞”出水面，有时候还能“飞”到水族箱外。所以人们称它们是会“飞”的贝类。当然它们的这种“飞行”表演不能持续很长时间，等它们适应了水族箱的生活环境，它们就会伸出黏糊糊的“腿”趴在箱底静静地生活了。

此外，扇贝还是人类饭桌上的一道美味佳肴。它不仅肉质细嫩、味道鲜美，而且含有丰富的营养，是人们喜爱的名贵海产珍品。扇贝还可以用在医药上，据说，它们分泌出的一种物质对医治癌症还有一定疗效呢。因为扇贝有这么大的用处，所以各国都开展了人工养殖。我国沿海养殖的种类主要是栉孔扇贝和华贵栉孔扇贝两种。

世界上最小的蟹——豆蟹和扇贝是一对好朋友。豆蟹长得非常小，它们的甲壳最大的也不过 1 厘米多。它们的身体很小，捕食和防御的本领很差，所以它们就需要寻找一个能给自己提供保护的伙伴。扇贝就是一个好选择。豆蟹寄生在扇贝的壳里，当扇贝打开贝壳时，豆蟹可以趁机在水中寻找食物。要是扇贝很久都不打开贝壳，豆蟹就会以扇贝的粪便为食。而豆蟹则会在敌人出现的时候提醒扇贝，它们会搅动扇贝的软体，扇贝就会马上把贝壳闭合。但是，当红螺出现的时候，扇贝就不会这么迅速的关闭贝壳了。因为红螺会分泌一种辣味的黄色毒液，能够麻痹扇贝的闭壳肌。在这时，豆蟹就会举起它的双螯把红螺赶走，不让它对扇贝造成伤害。扇贝在这个过程中则会慢慢地从麻痹中醒过来。

虾夷扇贝

虾夷扇贝是一种原产于日本和朝鲜的冷水贝。它在水温过高的情况下会停止生长，甚至死亡。它的贝壳很大，通常可以长到 10 厘米，是一种大型贝类。

扇贝的贝壳色彩多样，肋纹整齐美观，是制作贝雕工艺品的良好材料

蝴蝶鱼

据说有一次，人们在东非捕到一条蝴蝶鱼，细看它的尾部，竟有一条类似阿拉伯文字的图案，翻译出来的意思是“世上真神惟有安拉”。因为宗教信仰的关系，结果这条蝴蝶鱼因神奇的鱼尾而身价倍增。

蝴蝶鱼就是人们常说的热带鱼，它们的尾部非常完整，几乎看不到分叉。它们的尾鳍呈圆形，人们可以从它们的尾鳍分辨出雌鱼和雄鱼。从尾部看，雄鱼构成尾鳍的鳍膜比较短，鳍条突出，形成长须的形状，而且它们体色较深；而雌鱼的尾巴上则有明显的不规则的花纹。蝴蝶鱼的体型瘦瘦扁扁的，呈椭圆形，适合在珊瑚丛中来回穿梭。它们的嘴既短又小，能伸缩，非常适合伸进珊瑚的洞穴中去捕捉小型甲壳虫这样的食物。

当人们见到陆地上飞舞的蝴蝶时，会情不自禁地赞叹它们的美丽，而蝴蝶鱼的美名，就是因为这种鱼有着跟蝴蝶一样美丽的外表。蝴蝶鱼的身体有五彩缤纷的图案，大部分都生活在热带地区的珊瑚礁中。当它们在水中翩翩游动时，样子十分好看，所以它们常常被人类大量饲养，用来观赏。其实，年幼时候的蝴蝶鱼无论在颜色或是体型上，与成年后的蝴蝶鱼都有着极大的不同。幼鱼叫做“有刺稚鱼”，此时的它们头和胸部异常发达，形成许多尖刺。随着成长，这些骨板及刺逐渐消失变成鳍，“有刺稚鱼”也就变成了美丽的蝴

长吻蝶鱼有长长尖尖的吻部可以任意伸进狭长的小洞中搜寻食物。

蝶鱼。

蝴蝶鱼几乎总是成双成对地在珊瑚礁中游戏、玩耍，就好像陆地上的鸳鸯一样形影不离。如果其中一条的肚子饿了，要去吃东西，另一条就会在它周围放哨，所以有的人把蝴蝶鱼称作“海中鸳鸯”。

蝴蝶鱼

蝴蝶鱼很聪明，它们常把自己真正的眼睛藏在穿过头部的黑色条纹之中，而在尾巴处或背后留下一只非常醒目的假眼睛，常使捕捉它们的动物把长有假眼睛的地方当作头部，等敌人扑过来时，它们就会使劲儿摆动尾巴，拼命向前逃跑。

五彩斑斓的色彩和变化各异的图案，都是鱼儿自身皮肤的“广告色”。这种“广告色”经过演变、进化、繁衍而世代相传。它们不但利用皮肤颜色来传递信息，布置监视岗哨，再综合它们自身的体型及行为，就组成了蝴蝶鱼生活中不可缺少的“会话”语言。生活在五光十色的珊瑚礁中，蝴蝶鱼有自己的一套特殊本领。蝴蝶鱼鲜艳的体色可以随周围环境的改变而改变，有时候是为了躲避敌人、保护自己，有时候是为了跟同伴们交流。它们像一个“魔术师”一样，很容易使自己的身体呈现出各种不同的颜色。有的蝴蝶鱼改变一次体色需要几分钟时间，有的只需要几秒钟。

蝴蝶鱼生性胆小，它们虽然有着美丽的色彩和图案，但是却不愿意拿出来炫耀。它们喜欢隐藏在珊瑚中，躲避任何可疑的危险。如果蝴蝶鱼被人类饲养在水族箱里，它们会活得比较自在一点，可是这些胆小鬼，在吃东西的时候一般都争不过其他鱼类。

长吻蝴蝶鱼犹如它的名字一样，长有一个又长又尖的吻部，这样的吻部相当于一只“探测器”，可以很轻意地伸进较长的小洞中搜寻食物。对于那些小型鱼虾来说，这确实是一件可怕的武器！

蝴蝶鱼家族

蝴蝶鱼的家族颇为庞大，大约有 150 个种类，其中很多种类被饲养以作观赏之用。它们的天敌是生活在浅水区域的较大型鱼类。

鲸

1862 年，一个名叫埃斯里特的人，从一头虎鲸的胃中发现了 13 头海豚和 14 只海豹。可见，鲸真的是一种非常庞大的动物。可以说，它们是生活在海洋中的最高级的动物，也是地球上最大的动物。鲸的种类很多，大大小小，各式各样。全世界一共有 90 多种鲸，但是大体上它们可以分成两大类：一类是嘴巴里没有牙齿的须鲸，它们长着一排梳子似的鲸须，以小鱼、小虾为食物；另一类是嘴巴里长满尖尖牙齿的齿鲸，它们喜欢捕食海豹、海豚等大型动物。

虽然说鲸生活在海洋里，从身体的外形看，像是一条条超级大鱼，可是它们根本就不是鱼。尽管也有称它们为“鲸鱼”，但这些“大个儿”却是哺乳动物大家族里的一员，因为跟其他哺乳动物一样，它们也都是用自己的乳汁来哺育孩子的。

灰鲸被认为是所有鲸里面最原始的一个种类，它们长得很笨拙，暗灰色的皮肤布满了深浅不一的斑点，显得很粗糙。灰鲸有两个喷气孔，当强有力的气流冲出鼻孔时，会把海水带到空中，在海面上形成一注美丽的喷泉。灰鲸的大西洋种群实际已经灭绝，而东北大西洋的露脊鲸的数量也急剧下降，几乎要从地球上消失了。

灰鲸的进食方法与其他鲸不同，它们侧着游泳，从嘴里吐出

鲸是群集动物，它们通常成群结队的在海里生活。

蓝鲸下潜时总是将尾巴露出水面

水，搅起海底的沉积物，然后收回舌头，用嘴巴吮吸嘴边的浮游生物。之后，灰鲸会浮上水面，用新鲜的海水漂洗嘴巴。

蓝鲸是最大的哺乳动物，它们虽然形体庞大，但在水里游起泳来仍然是优美自如。蓝鲸是须鲸的一种，靠吃小鱼、小虾为生。它们的食量大得惊人，一天能吃掉4 000 ~ 5 000千克的食物，如果把这些东西给一个大人吃的话，够他吃上好几年呢。别看蓝鲸身躯庞大，但它的喉咙却很狭窄，只能吞下体宽5厘米以下的小鱼。它们在进食时，会发出尖锐的哨声，当它们不进食时则会发出类似人类的呻吟声。

蓝鲸可称得上是地球上的巨人，它的舌头重达4吨，胃里可容纳2吨重的磷虾，它的心脏和一辆大众牌甲壳虫轿车一般大。然而，蓝鲸的大脑却仅重7千克。当蓝鲸的生存环境受到污染，食物也不够多时，它们的生命也就受到了威胁，现在蓝鲸已濒临灭绝。

抹香鲸如它的名字一样，能在较长时间内芳香不散。它们的体型非常奇特，脑袋大，嘴巴小，看上去像是一只巨大的蝌蚪。抹香鲸是齿鲸里面最大的，它们常常用自己的牙齿去捕食乌贼、章鱼等；抹香鲸还是最擅长潜水的鲸，它们能潜入2 000多米的深海里，非常了不起！这都是由于它脑中的鲸油有控制浮力的能力，还能控制在深海潜水时的呼吸情况。它的体长通常在20米左右，仅头部就占去了一半。抹香鲸是群居性动物，它们用口哨声和“咔哒”声来交流。从额头的喷气孔处，抹香鲸可以喷出一股夹杂着泡沫的巨大水柱。

被喻为“杀人鲸”的虎鲸，凭着满嘴的尖牙和巨大的身形，成了当之无愧的“海中霸王”。虎鲸非常凶猛，几乎什么都吃，当它们肚子饿极了的时候，甚至还敢攻击体重超过它们20倍的蓝鲸。它们虎鲸的牙齿朝内后方向弯曲，上下颌的牙齿互相交错，这不仅使猎物难以逃脱，还能撕裂、切割猎物。但是经过驯养的虎鲸，却能够为人们表演精彩的节目。

白鲸

白鲸没有背鳍，只有一个低低的背脊。因此，白鲸可以很方便地在一大浮冰下游泳，这是其他的有背鳍鲸类所难以办到的。白鲸经常会发出口哨声、“当当”声或者像牛叫似的“哞哞”声，以此来进行联系。

海豚

海豚善于捕食多种鱼类。另外，乌贼、甲壳类动物和小虾也是它们喜欢的美食。

可能你听说过海豚救人的故事，它们常常会把落入海中的人顶起，推到岸边，有时甚至会不顾自身的安全，成群地驱赶凶猛的鲨鱼，保护落海遇难的人。这听起来好像很难让人相信。虽然海豚大脑很发达，但它们还不可能聪明到有意去救人。经过科学家的试验，海豚这么“热心”救险，很可能是它们在玩游戏。

海豚是生活在暖海中的哺乳动物，它虽然个子不大，却特别聪明。脑体比重往往决定智商高低，人脑重占体重的 2.1%左右，海豚大约 1.17%，黑猩猩差不多占 0.7%。经过人类的训练，它能表演很多高难度的节目，像“顶球”呀、“钻火圈”呀……它们可是海洋公园里最受人欢迎的动物“明星演员”。

其实，海豚是鲸类大家族的成员，但和它的兄弟姐妹们相比，它的个子小多了。海豚最喜欢集体活动，常常是几十只、几百只聚拢在大海中遨游。它们流线型的身体能在水中自由游动。大部分海豚都“童心”未泯，它们喜欢相互追逐，向对方抛掷水草，还用食物诱惑其他海豚表演动作。这种“游戏”有助于提高它们的捕食技能。

海豚的长嘴巴和上下颚中的牙齿，对捕食鱼类、乌贼、虾这类小动物非常有利。海豚靠回音定位系统觅食、回避敌人以及与同伴沟通。发出声波的部位是它的前额（隆额），

而接收声波的器官位于它的下颚骨处。

生活在不同海域中的海豚吃的东西不一样。当它们发现鱼群的之后，一群海豚会围成一个圈，将鱼群包围起来，然后它们会排好队，按照次序，轮流进入鱼群当中美美地吃一顿。

海豚用气孔呼吸，气孔直接连接肺部，这使海豚在游泳时也能自由呼吸。

海豚的大脑结构和人类的比较像。它们的大脑有一项很奇特的功能，就是海豚在睡觉时，两个大脑半球可以轮流休息，左右两边每 10 分钟交换一次。所以，海豚可以一边睡觉，一边继续游泳。它们多半选择在夜里浮在水下 0.3 米的地方，安安稳稳地进入梦乡。而它的尾巴仍然会每隔约 30 秒钟便摆动一下，这样做一是使它的头能露出水面，吸一口空气；另一个是使它在水中的位置更加稳定，不受水流或波涛的影响。

此外，海豚还喜欢在航船周围嬉戏，它们不时从水面腾空而起，这种优美的身姿令人赏心悦目。人们一直很想知道海豚具有如此强烈的“展现自我”的欲望是出于何种原因，科学家告诉我们，这是海豚在呼吸。有时，它们在潜入水底之前，会吸入空气，使整个肺充满气体；而浮出水面后，它便会用力从气孔呼出肺里剩余的空气。肺部排出的气体温暖而潮湿，迅速凝结成小水珠，这样就形成了人们常见的喷水柱。

中华白海豚是世界上最濒临灭绝危险的一类海洋动物，它和陆地上的大熊猫、华南虎一样，都是国家一级保护动物。

小海豚的出生

雌海豚需要怀胎一年才生下小海豚。初生的小海豚在母体中已经基本发育完全。重约 10 千克，长约 90 厘米，以母乳为食。

海狮

美国海洋生物学家科琳·卡什佳克和罗纳德·舒特曼，1991 年曾对一头名叫“里奥”的雌性海狮进行了较为复杂的字母和数字记忆测试，10 年后，他们惊奇地发现，在没有任何提示的情况下，这头海狮能利用它超常的记忆力轻而易举地对付这些“小把戏”。由此看来，海狮是一种非常聪明的动物，经过一定的训练，它还能够帮助人类工作。美国特种部队中就有一头训练有素的海狮，曾在 1 分钟内将沉入海底的火箭取上来，而人们只要给它一点乌贼和鱼作“报酬”，它就满足了。

海狮在海滩上

海狮饱餐过后就会来到岸上养精蓄锐。有时它们会在阳光下睡上几个小时，有时也会在海滩上慵懒地滚来滚去。即使这种悠闲的时刻，海狮也要时时提高警惕，因为海里的逆戟鲸随时可能冲出水面袭击海狮群。

在人与海狮的相处过程中，彼此都结下了很深的情谊。有这样一个故事，一艘载有马戏团海狮的船在海上沉没，马戏团的海狮以此获得了自由。但是船上的乘客却没有几个幸免遇难的。就在几年后，曾经的一个海狮驯养员在海边行走，在那次海难中逃掉的海狮刚巧也在这个岸边休息。当听到驯养员呼唤朋友的声音，这群海狮都从水中爬到了陆地上，向他们原来的驯养师爬去。

海狮是这样一种动物。它们的头部略圆，四肢呈鳍状，后肢能转向前方，可在陆地上行走。而海豹的后肢就不能

在沙滩上晒太阳的海狮

转动方向，它只能靠前肢拖着身体匍匐前进，非常吃力。海狮的耳朵很小，尾巴也很短，全身长满浓密的短毛。不同种类的海狮具有不同的毛色：黄褐色、褐色、黑褐色等。它们的视觉虽差，但听觉和嗅觉都很灵敏。鳍状肢的构造与人类手和手臂的构造很相似，这使得它们即使在岸上也能行走自如。

世界上的海狮多分布于太平洋北部和南部的沿岸，它们常趴到岩礁、沙上休息。和其他的哺乳类动物一样，海狮具有用肺呼吸、胎生的恒温动物等特点。又因海狮吼声如狮，且个别种类颈部长有鬃毛，颇像狮子，故有“海中狮王”之称，因而人们才叫它们“海狮”。

海狮的胡须好比探测器，在漆黑的海底总能帮它轻易捕到食物。

北方海狮是海狮中体型最大的，成年雄性北方海狮体重会达到 1 000 千克以上。它们在岸上活动时非常机警，胆量与它庞大的身躯极不相称，一有风吹草动它们便集体迅速回到海水中。即使在睡觉时，群体中也有“哨兵”担任警戒，发现危险，立刻发出信号，告知同伴。

求偶时，雄性海狮以吠声吓退同类的竞争者。

海狮光滑流线型的身体使它很适合潜水，它们经常到 180 米以下的深水区去猎食。海狮的胡须好比探测器，在漆黑的海底总能帮它轻易捕到食物。尽管海狮要浮到水面去呼吸，但它们在水下最长可以停留 40 分钟。现在人们训练海狮代替人到海底打捞沉入海中的东西，它给人类带来了很大帮助。海狮从来不用喝水，它们从食物中获得了身体所需的全部水分。

海狮是一夫多妻制，每一只雄海狮可以娶约十只雌海狮，雄海狮常以叫声和身上的体味来辨识雌海狮及小海狮。每年的 5 月到 7 月，成年海狮们就开始准备迎接种群中新生命的诞生了。雄海狮们为保证自己的“孩子”出生在一个安静、安全的环境里，便不停地咆哮，以阻止其他邻居的入侵。小海狮一生下来就可以用四肢游泳和爬行。这时雌海狮必须返回海中补充体力。回来后，它们会凭借着小海狮微弱的叫声准确无误地辨认出自己的孩子。

海龟

海龟早在两亿多年前就出现在地球上了，是有名的“活化石”。据《世界吉尼斯纪录大全》记载，海龟的寿命最长可达152年，是动物中当之无愧的老寿星。

长寿冠军

1971年，人们在长江捕到了一只大头龟，发现它的龟甲上刻着“道光二十年”的字样。这样推算下来，这只龟从刻字的那年算起至少已经存活了132年了。龟真是无愧于“长寿冠军”的称号。

海龟是一种爬行动物，背部呈褐色或暗绿色，有黄斑。头顶有一块长额鳞。雌雄海龟的大小基本相似，它的壳长从50到200厘米不等。世界各地热带和温带海域中都有海龟分布。大多数海龟居住在沿岸的浅滩水域，有些种类的海龟冬季居住在食物丰富的水域，到了夏季产卵季节会作一次长途迁徙。

海龟没有牙齿，胃口却很大，鱼、甲壳类动物、软体动物、海藻以及其他海洋植物都是它们的美食。但海龟最基本的食物是水母，一只成年海龟在10小时之内能捕捉到50只大水母，从这些水母身上，海龟可以获得200升水和8～10千克蛋白质。没有牙齿，它们就用锯齿形的下巴咀嚼食物。海龟的壳不单是一个骨质外壳，它还是一张由若干个几何骨质小节、关节和脂肪组织外衣组成的七巧图案。

海龟实际上是游泳的好手，长长的前肢像桨一样，使它们很适合水中的生活。海龟有洄游的习性，一般海龟在海水温度下降后，会迁徙到水温较高的水域来抵御寒冷。但有时峰面来得太快，水温急速下降，海龟的体温、生理活动及浮力控制等在短时间内无法调节，就会出现冻死的情形。有时这些海龟会在泥底中停留很长的时间，其代谢速度也下降，进行类似冬

不管海滩的地势如何或气候变化怎样，刚孵出的小海龟都要离开巢穴，爬过沙滩，回归大海。

眠的行为。这是海洋生物中发现的少数会冬眠的例子。

美国科学家在研究多年后发现，地球磁场是海龟回家时的指南针和地图。科学家们早就发现，海龟能通过地球磁场和太阳及其他星体的位置来辨别方向。但对于迁徙中的海龟来说，仅有“方向感”是不够的，它们可能还有一张“地图”，用于明确自己的地理位置，最终到达某个特定的目的地。

初生幼龟的敌人很多，如海鸟、大蜥蜴等，幼龟常在爬回大海的途中，遭遇敌人的袭击。小海龟的生存几率很低，平均100只当中仅有一两只存活下来。

海龟产卵的季节在最热的夏季。一只成年的雌海龟，在七八月份一般会上岸3～5次，每次产卵数量在50～200枚之间。雌海龟会先在沙地上挖一个洞，然后将卵产在里面。龟卵孵化期约为45～70天。雌海龟会年复一年返回同一块沙滩上产卵。在产卵的时候，雌海龟通常都会流泪。它并不是因为伤心，它只是在把体内多余的盐分排出，同时洗去眼中的沙粒而已。

刚孵出的小海龟，不管海滩的地势如何或气候变化怎样，都要离开巢穴，爬过沙滩，回归大海。这是因为，海龟的视觉系统对光信号起正趋光性反应，使它们向着正电荷密集的海洋爬去。初生幼龟的敌人很多，如海鸟、大蜥蜴等，幼龟常在爬回大海的途中，遭遇敌人的袭击。小海龟的生存几率很低，平均100只当中仅有一两只能存活下来。

绿海龟是一种大型的爬行动物，它的整个身体呈褐色或者浅绿色，分布在全球气候温暖的海岸线附近，主要食海草。它们有时会爬到岸上去晒太阳，这一点和其他海龟不一样。

动物的故事
Dongwu de gushi

陆地上的动物

蛙家族

小蝌蚪

“小蝌蚪找妈妈”的故事，大家都听过。在它们寻找妈妈的过程中，它们的身体发生了诸多的变化。最初，它们只能生活在水里，到后来它们也可以在陆地上生活了。像这种既能在水里，又能在陆上生活的脊椎动物就是两栖动物。它们的头上多有一双大大的眼睛，这是为了看清周围的一切，同时，它们的嗅觉也很好，甚至在水中也一样灵敏。寒冬来临时，两栖动物会躲到泥塘底部或土洞里进行漫长的冬眠。有些在干旱地区生活的青蛙会进行夏眠，为的是等湿润的雨季来临。它们在地球上生存了有几百万年了，蛙类就是两栖动物的代表。

青蛙是一种典型的两栖动物，它们既可以在水中游泳，也可以在潮湿的陆地生活。因为青蛙常蹲在田间帮助人们消灭害虫，所以，它又有“田园卫士”的美称。但是青蛙的眼睛有一个很大的弱点，它只能看见活动着的东西，对于静止不动的东西，它是一点都看不见，所以，青蛙只能捕捉那些从眼前飞过的虫子。

青蛙在陆地上栖息时，后腿缩成“Z”形，行动时，把强有力的后腿伸直，身体就能腾空跳向前方。在水中，它的后腿先缩成“Z”形，然后迅速伸直，同时脚趾分开，趾间蹼推着水使身体前进。青蛙可是个游泳健将。它们到了

青蛙在田间帮人们消灭害虫

夏天的夜晚就会很活跃，在田野不停地发出呱呱的叫声，其实这是雄蛙们在集体求婚。

青蛙和蟾蜍的外表很相像，但青蛙通常有光滑的表皮和用于跳跃的长腿，而大部分蟾蜍的表皮上有许多疙瘩，而且它们的身体胖而短，靠爬行来前进。

并不是所有的蛙都生活在地上或水边，像树蛙，它们的一生都是在树上度过的。树蛙的脚趾能分泌一种黏性物质，所以它们可以牢牢地站立在树的任何地方。树蛙在树上吃饭、睡觉、寻找伴侣甚至产卵。

树蛙的后腿比前腿长，弹跳起来十分方便，在树上活动依然灵活。它们的脚趾又短又粗，脚趾中间还长着一层宽宽的蹼膜。当树蛙张开脚趾起跳，就像“飞翔”一样，使得它可以很容易地从一棵树上滑翔到另一棵树上。树蛙体型娇小，体表颜色鲜艳，看上去很招人喜爱。它脚下宽厚的足垫，让它们能稳稳地把自己固定在大树上。

树蛙的后退比前腿长

早在 100 多年前，印度尼西亚的爪哇岛就发现了一种会滑翔的青蛙，它可以滑行 10 米以上。飞蛙属于树蛙，它们也生活在树上。飞蛙在飞行以前，先吸足了气，让自己身体变大，然后再伸直脚趾，张开蹼膜。它们的蹼膜就像降落伞一样，可以帮助它们在森林中滑翔。现在，光“居住”在中国的树蛙共有 10 多种，其中在西双版纳附近发现过两种飞蛙。一种是黑蹼飞蛙，另一种是红蹼飞蛙，它们都是珍贵的品种。

两栖动物的生活

两栖动物除了它们的幼仔蝌蚪吃各种植物以外，其余的都以各种动物为食。它们不能生活在含有盐分的水中，所以，它们不能生活在大海里。

树蛙还有一项本领，就是根据住所和季节的不同而改变身体的颜色，春天和夏天的时候，树蛙身体的颜色和树叶的颜色一样，都是翠绿色的；秋天到来的时候，它们的身体又会慢慢变成黄褐色，跟树干和落叶的颜色差不多。这样以来，敌人就不容易发现它们了。

陆地上的龟

在人类身边生活着很多爬行类动物。现在地球上大约有 6 000 多种爬行动物。龟就是其中的一个大类，被称作“龟鳖目”。这一大类中的动物，它们的背上和腹部都有坚硬的甲板覆盖。它们中，有的生活在水里，四肢就好像船桨一样，方便划水；有的就生活在陆地上。这个大家族中大约还分了 230 多种。

阿尔达布拉岛是世界上巨龟数量最多的地方。阿尔达布拉龟是最大的陆地龟，也被称为“巨人陆龟”。它们天生能浮在海面上，即使没有食物或淡水，也能在海上存活好几个星期。神奇的是，这种龟是用鼻子喝水的。因为它的鼻腔与食道相通，中间有块特殊的安全瓣膜，喝水时会自动关闭，以防将水吸入肺里。

早晨，是巨龟们的早餐时间。它们不能自己调节体温。中午时巨龟们都活动了起来，准备到林阴处纳凉。除了需要找到足够的淡水和阴凉栖身处之外,巨龟没有什么可担忧的。

阿尔达布拉龟在陆地上产卵，却在海中交配。它们生性小气，好嫉妒。看到其他龟交配时，它们就会在四周徘徊，趁机捣乱。通常情况下，这种龟的寿命可超过 100 年。它的成熟与否取决于个头大小，当它长到成年个体的一半左右时就发育完全了。

阿尔达布拉岛是世界上巨龟数量最

阿尔达布拉龟是最早被人类保护的动物之一

多的地方。除此之外，惟有加拉帕戈斯群岛还有巨龟生存，而这里巨龟的总数大约仅占阿尔达布拉岛上巨龟总数的 1/7。

这是在太平洋东部的一个群岛，这座岛因为生活着很多龟而被称为“龟岛”。这里的龟都长着巨大的身躯，头很大，脖子很长，四肢也很粗大。它们的龟背向上高高隆起，整体是一种黑灰色。因为它们的身体形态看上去有点像大象，所以人们把它们称作象龟。

世界上的象龟有大约 10 种，这座岛上就有 6 种。它们中最大的龟可能已经过了 150 年了，身子有 1.5 米长，高高隆起的背甲距离地面就有 1 米高。这样的大家伙力气很大，就算有两个人站在它的背上，它还能够像没事一样从容不迫地爬行。虽然说象龟是陆地上最大的龟，但它的爬行速度很慢。一天下来，它大约只能爬行 6 千米。

龟鳖的背甲盾片上有许多同心环纹，每一个环纹代表着一年的生长期，我们只要根据环纹数目的多少，就可以推算出龟鳖的年龄。

现在，还有人把龟当作宠物来饲养。巴西龟就是这样一种外形小巧可爱的龟。它们的身体还具有绚丽的颜色，因此也被称作巴西彩龟、彩龟、七彩龟、秀丽锦龟、麻将龟、红耳龟、密西西比红耳龟、黄腹彩龟、黄肚红耳龟、黄耳龟等。它们的头、颈、四肢、尾均布满黄绿镶嵌粗细不匀的条纹、头顶部两侧有两条红色粗条纹。在美国和墨西哥等地的野外，都分布着这种龟。它们喜欢在清澈的水塘栖息，在水中游荡或是在水面上漂浮。到了正午阳光正好的时候，它们还会趴在岸边晒晒自己的壳。

雌性巴西龟的背甲边缘和腹甲是黄色，而雄性的大都整体呈现出灰黑色。它们在出生后四五年就会开始寻找自己的伴侣了。雌雄巴西龟在每年 5 ~ 8 月进行交配，每次产下大约 1 ~ 17 枚卵。在产卵之前，它们会先挖一个坑洞，然后再把卵产在里面。

金钱龟

金钱龟最显著的特点就是在它的红棕色的背甲上，有一个类似“川”的花纹。它们喜欢聚在一起生活，在荫蔽的地方栖息。

蛇的家族

在爬行动物的世界中，蛇的家族也占据了重要的部分。眼镜蛇是一种让人“听而生畏”的毒蛇。它的毒是神经性毒素，能够使对手麻痹致死。然而牙齿却大大提高了它的毒杀功效，它是利用齿沟来喷射毒液。如果毒牙咬得不深透的话毒液就不能到达肌肉深层。它们的唾液腺没在常规的顶尖上开口，而是与牙尖有那么一段距离，并呈一种漏斗状。

眼镜蛇是惟一筑巢而居的毒蛇，它们因脖颈背面有眼睛般的斑纹而得名。它们诡计多端，常躲在草丛里，只露出尾巴轻轻摇晃。只有在饿了的时候，它们才会捕食，一般两周左右捕食一次，这取决于它们上一次吃饭的多少。年轻的眼镜蛇捕食频率要高一些，一般一周一次。

眼镜蛇种类很多，其中蛇王虽然身体十分纤细，却是世界上最长最大最危险的毒蛇。被激怒时，它会抬起上身并展开成一个狭窄的“顶帽”。澳洲大眼镜蛇的毒液特别可怕，能一下杀死 50 个人。但一般情况下它不愿“大开杀戒”，遇到敌人时宁愿逃走。印度眼镜蛇生活在平原、丘陵、山地的各种环境中，通常独居，昼夜均有活动。它们生性凶猛，被激怒时，会昂起身体前部，膨大颈部，并发出“呼呼”声，来恐吓敌人。

珊瑚蛇栖息于森林中，卵生，毒性极强。

珊瑚蛇是一种体型较小的蛇。跟它的名字一样，它的身体颜色非常漂亮，通常由红、黄、蓝或者红、白、蓝三种颜色的环形花纹组成。珊瑚蛇的样子看起来一点儿也不可怕，它

的身子很短，浑身上下粗细均匀，脑袋圆圆的、小小的。然而这种看上去极美丽的蛇，却是一种最毒的蛇。一条珊瑚蛇的毒液，可以很容易地使一个大人死亡！

珊瑚蛇分布于北美洲南部、拉丁美洲及南美洲的大部分地区。它们在腐烂土壤的表层、落叶下生活。它们的毒牙很短，毒液往往不容易喷射出来，所以珊瑚蛇就用口擒住猎物或通过多次的啮咬来杀死猎物。它们的毒液毒性很强，但它通常不会主动攻击人，但它有时却会捕杀其他蛇类。

眼镜蛇被激怒时，会将身体前段竖起，颈部两侧膨胀，此时背部的眼镜圈纹愈加明显，同时发出“呼呼”声，借以恐吓敌人。

珊瑚蛇有很多种类，一般都在傍晚或清晨外出觅食。巴西珊瑚蛇全身有橘红色和蓝色的带状纹，颜色非常美丽。它的头和尾都一样粗细，长得圆滚滚的。当它们遇到敌人时，就会把头和尾巴同时抬起来，在它们的敌人分辨蛇头和蛇尾的空当儿，巴西珊瑚蛇就趁机逃跑了。得克萨斯珊瑚蛇，是一种非常危险的毒蛇。它们有一个小小的脑袋和一双小小的眼睛，脑袋和脖子几乎分不清楚。它们浑身长着光滑的鳞片，身体由红、白和黑色相间的条纹所覆盖，而且红色条纹两端总是与白色的条纹相邻，形成黑—白—红—白—黑的条纹。

有几种蛇完全可以冒充珊瑚蛇，它们是：无毒的多带王蛇、弱毒的后毒牙假珊瑚蛇、剧毒的东方珊瑚蛇。这3种蛇的外形极其相似，捕食者被无毒蛇或弱毒蛇咬伤后不至于死亡。有一种伪珊瑚蛇，因外形酷似珊瑚蛇而得名。它们缺少珊瑚蛇的毒液，但生性狡诈的它们常常将自己伪装得和真正的珊瑚蛇十分相近，这样碰到危险时就能蒙混过去了。

蛇的毒性

毒蛇最使人和动物望而生畏的就是它们的毒牙和毒液，那是它们捕获猎物和进行自卫的武器。毒蛇的种类很多，根据它们所分泌的蛇毒的性质，大致可以分为三类：一类为神经毒，如金环蛇、银环蛇等；另一类为血液循环毒，如竹叶青、五步蛇等；还有一类是混合毒，如蝮蛇、大眼镜蛇等。

蜥蜴

1987年，一只活龙出现在印度尼西亚。为此德国动物学家兼摄影家海莫兹·齐尔曼赶到那里，他要看一看到底发生了什么事。他们来到科摩多岛卡姆邦村，在那里设立了观察站。终于有一天，他们看到了传说中的“活龙”。这个大家伙足有4米长，尾巴上翘，四个爪子紧紧地扒住地面。它可以几口就把一只羊活吞了。考察小组用摄像机拍下了“活龙”的录像，经过研究后发现，这是生活在印尼的一种巨型蜥蜴。它只是和传说中的龙外貌很相近而已，当地人就误以为是活龙出现了。

蜥蜴家族是爬虫类中最大的群体，约占全世界所有爬虫的一半以上，它们大多是肉食动物，只有极小的一部分为食草性。蜥蜴是现存动物中与恐龙最相像的，它们的奇特和神秘感是最吸引人的地方。

蜥蜴多分布在非洲、阿拉伯地区、中国南部、马来西亚、印度东部、澳大利亚等地。

鬣蜥主要生活在美洲。幼体的鬣蜥体色为亮绿色夹杂蓝色的花纹，等成熟后，体色会变暗淡。鬣蜥的尾巴强健有力，占

鬣蜥属于素食性，以菜叶，水果为食。

全身长度的2/3。它有700余种，大小差异很大。绿色鬣蜥约有70厘米长，德州角蜥只有10厘米长左右。它们大多在树上生活，它们的奔跑速度很快，在水中也能游泳。

雄性绿色鬣蜥在打斗时，会用头撞击对方，直到一方投降为止，而这种打斗有时会持续5小时以上。若还是分不出胜负，就会采用抓咬的方式，直到胜利的一方踩在对方的背上。受到惊吓时，绿色鬣蜥会从数米高的地方向下跳，它们的落地姿势完美又安全，绝不会受伤。

有种鬣蜥可以将身体直立45度，用后脚走路，遇险时，还能以每小时15千米的速度奔跑。由于体重轻，动作敏捷，脚趾扁平，它们甚至能在水面上短距离行走，远离河岸后才开始游泳。

还有一种加拉帕戈斯鬣蜥，长得非常丑陋，但却是温和的素食主义者。它甚至不去与其他草食者争夺食物，而仅以仙人掌为食。

蜥蜴俗称“四足蛇”，有人叫它“蛇舅母”。

饰蜥的家族成员也很多，外形各异，大小有别。但却有一个共同点，那就是它们借助身上隆起而粗涩的鳞片，可将自己装饰成各种吓人的模样，这也是它们名字的由来。饰蜥的四肢和趾头细长，跑得不快，但它能把自己的形态变得和自然环境相似，从而保护自己。另外，它的皮肤就像一个防水罩，可以防止身体水分的散失，重叠的鳞片则形成一个保护层。

彩虹饰蜥是饰蜥家族的一个成员。它们的头是三角形的，肤色能变化，喉咙下方还有褶。当它遇到危险时，会把褶张大来威胁敌人。雄性的背部还有鬃毛状的鳞，兴奋时会竖起来。

除了上面讲到的，蜥蜴家族还有很多其他的成员。颈圈蜥蜴生活在澳大利亚北部的沙漠地区，它们脖子上长有一圈围脖似的褶膜。当遇到敌人时，褶膜就会完全张开，这往往会把敌人吓得落荒而逃。但一旦被对手识破，它就会站起来用两只后脚蹦跳着逃走。身材纤细的飞蜥身体两侧有膜，当它移动时，会展开像翅膀一样的膜飞向空中。这同样也是雄飞蜥向异性求爱的工具。雌飞蜥同意做它的伴侣后，它们就要生育小飞蜥了。

蜥蜴的尾巴

蜥蜴的尾巴强健有力，大约占了身体长度的2/3，也是它们的主要战斗武器。蜥蜴在受到捕食者的袭击时，会蜕去自己的尾巴，逃之夭夭。但它却要为这种逃脱付出巨大的代价，因为它在蜥蜴群中的地位会降下来，以致威胁它日后的生存。

壁虎

在日本，曾流传着这样一个关于壁虎的故事。有一户人家为了装修拆开了房里的墙壁，却发现中空的墙壁里有一只壁虎被钉子钉住了尾巴。仔细一看才发现，这根钉子是十年前修建这座房子的时候钉上去的。这只壁虎得以存活，依靠的是另一只壁虎在这十年中不断的给它衔来食物。人们被这对壁虎的感情感动了！

体型小巧的壁虎是我们最常见的益虫之一，它们常常伏在墙上，等待着蚊虫。这种神奇的小生物可以在光滑的墙面上，乃至天花板上自如地行走。当它们遇到危险时，它们会自动将自己的尾巴弄断，当敌人为这点战利品所迷惑时，壁虎早就逃走了。不用担心它从此就没有尾巴，过上一段时间，它的尾巴就能重新长出一条新的来。

说起壁虎能够在光滑的墙壁、天花板，甚至玻璃上爬行自如，就是因为它的足垫和趾的结构非常特殊，能轻而易举地抓住物体上任何细小的突起而爬动。壁虎的指、趾扁平扩大，下面的皮肤形成一褶一褶的襞，这样的一条条深沟具有极强的黏附能力，可以增加指、趾与光滑面之间的摩擦，足以吸附住身体。这种特殊的脚掌结构，使壁虎能够在光滑的墙壁或房顶上自由地跑来跑去，甚至在玻璃上也不会滑倒。此外，壁虎“脚”底部长着大约 50 万根极细的刚毛，每根刚毛末端又有大约 400 ~ 1 000 根更细的分支。

壁虎有一对适于在暗处观物的大眼睛。壁虎的瞳孔是纵长的，会随光线的明暗程度而张开和闭合。这使它很适合昼伏夜出。但是，它们的眼睛却无法闭合，所

壁虎眼睛上有一层透明的保护膜

以需要用舌头来舔舐眼球以保持清洁。

在遇到危险时，壁虎有自己独特的避难法。一旦敌人碰到了它，它的尾巴就会自动折断以保全性命。人们把这种现象叫做“自割”，也称为“自切”“自残”和“自截”。在这段断掉的尾巴里，神经还没有马上失去作用。所以它还是会在墙面上摆动，但是已经没有定向活动的能力了。

壁虎的尾巴刚断掉时还会动

其实，壁虎的尾巴是它们的营养储存室，没吃没喝的时候，可以从里面提取营养。在危险来临之时，失去这条尾巴也并不会对它的生活造成多大的影响。

壁虎在夏秋两季最为活跃，它们捕食蚊、蝇、蜘蛛、飞蛾等害虫。一晚上的时间，壁虎就可以捕食数十只甚至上百只害虫，所以人们给了它一个“捕虫能手”的美称。

壁虎的种类繁多，其中地中海壁虎长相怪异，身上布满了刺状突起；莫利西斯绿壁虎体色艳丽，背部有红色斑点；而澳洲扁尾壁虎却长着一个貌似松塔状的尾巴。

大壁虎是壁虎中最大的一种，成年的大壁虎可以长到30厘米长，尾巴几乎和头身等长。它们的头呈三角形，比较宽大。它们的身体背面布满了细小的鳞片，鳞片间散有褐色至橘红色的粗大瘰粒，排列成纵行。整个背部呈现出灰褐色。而它腹面的鳞片是六角形的，比背部的大。它的整个腹部是白色的，有粉红色的斑纹。生活于东南亚岛屿的大壁虎能发出多种不同的声音。

在沙漠中生活着一种爪很长的沙漠壁虎，它在沙漠上行走时，不仅不会陷进沙子里，而且还不会留下足迹。这都是因为它的脚趾间有一层蹼连接着。它在沙漠里行走时，就像滑雪似的在沙地上滑行。所以，沙地上不会留下它的足迹。这对没有什么防卫能力的沙漠壁虎来说，实在是个关乎生命的优点，使它的天敌不知道到哪里才能找到它。

药用价值

在中国中医理论中，把无蹼壁虎晒干后入药，就能起到祛风、活络、散结的功效。通常都是先把活着的壁虎摔死或用开水烫死，再进行加工。

变色龙

变色龙真正的名字叫做“避役”，因为它们经常变换皮肤的颜色，所以人们给它们起了个形象的名字——“变色龙”。它能够模仿周围的环境变换自己的体色。这是因为它们的皮肤下有一层色素细胞，这些细胞的活动受到光线、温度、湿度的影响发生改变，使得变色龙的体色可以随着光线、温度、湿度的变化而变化。有时候，受到惊吓或者愤怒时，皮肤也会随着情绪的变化而变色。这种变色的本领一直被人们称奇，这是它隐藏自己的最佳办法。变色龙伪装自己是为了靠近猎物也是为了躲避天敌免受其害。

除了这些，它在一天内的不同时间，体色都会发生变化。黎明的时候，变色龙的身体常常是暗绿色的；到了白天，它的皮肤会变成灰黑色；夜晚来了，它看上去又是那种淡黄色。真的很奇妙！

变色龙分布于印度半岛、阿拉伯半岛及非洲的热带丛林中。它们平时大都独来独往，大多数为卵胎生，幼仔出生后不久就能行走，一天后就能独自捕食。长期在树上生活改变了变色龙脚趾的形状，使它在地上行走时站立不稳。

◤ 变色龙就是因为它善于随环境的变化，随时改变自己身体的颜色。

变色龙在遇到敌人的时候，会把身子鼓得大大的，使劲挺出脖子上的皮肤，把尾巴甩来甩去，张大嘴巴粗声粗气地呼吸，做出一副很凶恶的样子。可这些并不代表变色龙很胆大，它这一招只是吓唬吓唬敌人，其实，它正四处搜寻着退路，准备看准时机开溜呢。

变色既有利于隐藏自己，又有利于捕捉猎物。

变色龙的动作非常缓慢，大多数情况下，它会静止。但捕食猎物时，舌头弹出去的速度却快得惊人，昆虫往往还来不及作任何反应，就已被它的长舌黏到嘴里去了。变色龙捕食有两样秘密武器，一是眼睛，二是舌头。

变色龙长着两只圆鼓鼓的眼睛，它的眼睛很特别。它的双眼都被鳞片覆盖着，只留下一个小孔。但它的眼球能随意转动，可以一只朝前一只朝后，这对它的捕猎大有益处。两只眼睛各管各，一只眼睛在向前看的时候，另一只眼睛可以同时向后看，有飞虫从它周围飞过的话，都逃不出它两只灵活的眼睛。

当它发现可口的猎物时，能像闪电一样从嘴中弹出一条长长的舌头。变色龙的舌头像装了弹簧一样，伸出去的距离可以比它的身体还要长。所以，被它盯上的猎物，一般都很难逃掉。

来自颜色的警告

当有外来者侵入自己的领地的时候，雄性变色龙就会将暗黑的保护色变成明亮的颜色，警告外来者离开自己的领地。

鳄鱼

人们通常会看见鳄鱼张大嘴巴懒洋洋地趴在那里，这个时候千万不要以为它是在打瞌睡，它也不是在笑。它这样做只是为了让自己凉快一些。因为它的皮肤上没有毛孔，所以鳄鱼只能张大嘴巴，把肚子里的热气从嘴里散发出去。

鳄鱼是水中最凶猛的动物之一，它们长得非常丑陋，全身上下披着像盔甲一样粗糙的鳞片，满嘴交错生长的利牙，让人看上去就觉得很害怕。鳄鱼是食肉性动物，它们以蛙、鱼以及大型的哺乳动物为食。它们捕猎时很狡猾，通常都只是把长在头顶上的眼睛、耳朵、鼻子露在水面上，而把整个身子沉入水中，远远看上去就像水面上漂浮不定的一段木头一样，别的动物很容易因此而上当。

鳄鱼长长的嘴巴里长着许多尖利的牙齿。但是这些牙齿一点儿也不好使，不能帮助它咀嚼。每当捕到猎物时，鳄鱼只能扭动身体把猎物撕开再吞到肚子里。

鳄鱼的牙齿不能咀嚼，真的给它带来了很大的不便。它强大的双颌具有巨大的咬合力，但是不能撕咬和咀嚼使它们只能像钳子一样把食物“夹住”。当鳄鱼捕捉到大型的猎物时，它不能像老虎、狮子那样把猎物咬死，而是把猎物拖到水中使之溺水而死。如果捕到的是水中的大型动物，它就把猎物拖到陆地上，让它们窒息而死。然后，鳄鱼才开始享用。

鳄鱼除少数生活在温带地区外，大多生活在热带亚热带地区的河流、湖泊和多水的沼泽，也有的生活在靠近海岸的浅滩中。

要是猎物太大，鳄鱼吞不下去。它就会用嘴咬住猎物，在石头或是树干上猛烈摔打，直到把它摔软或摔碎后再张口吞下。但如果还是下不了口，鳄鱼就直接把猎物扔在一旁，等它慢慢腐烂，烂到可以吞下去的时候再吃。

牙齿不好，鳄鱼的胃却有着强大的消化功能。它的胃能够分泌很多胃酸，这些胃酸具

有很强的酸性，能够帮助鳄鱼消化大块的食物。为了磨碎肚子里的东西，鳄鱼必须另外吞下一些石头。这些石头很管用，它们不仅帮助它消化食物，而且还对它游泳有好处。当鳄鱼沉在水底的时候，这些石头，就像轮船底层压上的重东西一样有用，可以帮鳄鱼在水中保持平衡，不至于翻倒在水中或偏离方向。

鳄鱼很凶猛。成年鳄鱼经常在水下，只有眼鼻露出水面。它们耳目灵敏，受惊立即下沉。

鳄鱼虽然生性凶残，但它在吃其他动物时，却一边吃一边眨着灰蓝色的眼睛流泪哭泣。其实，这并不表示它在伤心，鳄鱼流眼泪与感情无关，这仅是它排泄体内过多盐分的方式。鳄鱼排泄盐分的器官盐腺刚好长在眼睛旁，它在撕咬猎物的时候，恰好盐腺也在排出盐分，这就是我们看到的“鳄鱼的眼泪”。

大部分鳄鱼都喜欢晒太阳，而短吻鳄却完全生活在阴暗的地方，但是它们的寿命却比其他种类的鳄鱼长，它们一般可以活 30 ~ 35 年。区别长吻鳄和短吻鳄的方法主要就是看它们的牙齿。如果鳄鱼下排的第四颗牙齿凸在嘴巴外面，就是长吻鳄；要是它整个下排牙齿全闭合在嘴巴里不露出来，那就是短吻鳄。

鳄鱼的耳、鼻都长有瓣膜，潜入水中时耳、鼻自动关闭，方便它们在水中捕食。它们所具有的强健有力的尾巴，起着划行与控制方向的作用，像船桨一样推动身体前进。世界上仅有 25 种鳄鱼，而中国只有“扬子鳄”一种。扬子鳄是一种短吻鳄鱼，俗称“猪婆龙”，是我国的特有动物，属于国家一级重点保护对象。

鳄鱼的舌头

鳄鱼的舌头贴在它的下颚，不易被发现。在鳄鱼捕食的时候，舌头会抵住喉咙，好不让水灌进去。有些地方说鳄鱼没有舌头都是不实的报道，它们只是无法把舌头伸出来罢了。

地球上的昆虫

在人类身边生活着很多形形色色的小虫子，但并不是所有的都能被划入“昆虫”的行列。作为昆虫，有它独有的特点和身体结构。虽然有些小生物的外形和昆虫很接近，不具有昆虫所有的特点，它们仍旧不属于昆虫。

昆虫是动物中身体比较小的种类，它们的身体和其他动物大不相同，很明显地分成了头、胸和腹三个部分。在它们的胸部有 2 对翅膀和 6 只脚， 其翅膀和脚还有胸部都是连在一起的。这 6 只脚是分成 3 对分开生长的，所以那些少于 3 对或多于 3 对脚的动物都不是昆虫。不过也有些昆虫是没有翅膀的，比如寄生在人和动物的身体上的虱子。像是蜘蛛、蜈蚣等，它们虽然和昆虫长得很像，但它们的脚都不是 3 对，所以它们都不是真正意义上的昆虫。

人们平常看到的昆虫身体外面的那层硬皮，就是它的外骨骼，这是昆虫护身的“盔甲”。有的昆虫也长内骨骼，是用来支撑肌肉的。昆虫的眼睛结构很复杂，是由许许多多的小眼睛组合形成的，称为复眼。它能帮助昆虫看清周围的情况。大多数昆虫的头上还长着成对的触角，两只触角经常不断地前后左右摇摆，像一对探测器，能帮助它们更好地察觉周围的东西。蚂蚁就是用触角来传递信息的。当两只蚂蚁相遇时，只要触角轻轻一碰，就知道它的伙伴要做什么或要告诉它什么了。

昆虫的种类很多，它们当中有一部分是对人类有益的，瓢虫、蜻蜓、蜜蜂、蚕等，人们将它们称为益虫。

全身翠绿的蝗虫

有的昆虫危害庄稼，有的昆虫传播疾病，对于人们来说，它们都是有害的，所以把它们称作害虫。

蜜蜂是人们最常见的昆虫之一，对人类贡献也非常大。它帮助作物和果树授粉，帮助提高产量；另外，蜜蜂本身可以产出蜂蜜、蜂王浆、蜂蜡等，这些都是丰富的营养产品。还有蚕，人们日常使用的丝绸制品，都离不开蚕的贡献。蚕在吃了桑叶后能吐丝结成壳状的茧，人们把茧壳浸湿，从中拉出长长的银色丝，可以纺成丝线、织成丝绸。

蜜蜂是人们最常见的昆虫之一，对人类贡献也非常大。

蝗虫和蚜虫是庄稼和农作物的敌害。蝗虫常常成群结队地远距离迁飞，因为食量很大，所以，凡是飞过的地方，那里的农作物就被一扫而光。蚜虫的身体虽然很小，但它对植物的危害却非常大，所有林木、果树、花、蔬菜、粮棉和油料等作物的根、茎、叶、树皮、嫩芽、花、果实，几乎没有它不危害的。

不过针对这些害虫，有很多肉食性的益虫可以帮助人们消灭它们。瓢虫家族中大部分都是益虫，也有少量的害虫。七星瓢虫一天能吃 100 多只损害农作物的蚜虫，是益虫。螳螂也是昆虫里的捕虫高手，它们专门消灭害虫，一只螳螂在两三个月内可以吃掉 700 多只蚊子。

其实，在人类的日常生活里也有很多害虫出现。蟑螂又叫“偷油婆”，它常常出现在人们的生活中，浑身发出阵阵难闻的臭味，在它爬行和取食过的地方常排泄许多肮脏的粪便，不仅污染食物，而且传播疾病。跳蚤的身体虽然只有芝麻粒那么大，可是它吸起血来却很凶残。跳蚤以叮咬和吸血的方法传播疾病，也是一种害虫。

但只要人们在日常生活中注意清洁和卫生，就可以避免这些害虫的出现。

苍蝇

苍蝇是最让人讨厌的一种昆虫，它们喜欢吃粪便和腐烂的动植物，世界上很多疾病的病菌都是由它们从脏东西中携带出来再传播的。

建筑大师——白蚁

虽然白蚁和蚂蚁有着相近的外表和名字，但它们并没有亲缘关系。蚂蚁属于膜翅目，与蜜蜂亲缘相近，要通过蛹期才能变成成虫。白蚁属于等翅目，与蟑螂亲缘相近，幼蚁经过几次蜕皮变为成虫，没有蛹期。而且，白蚁多为乳白色或灰白色，而蚂蚁多数为黄色、褐色、黑色或橘红色。

白蚁是一种世界性害虫，它们喜欢吃水质纤维。啃食木头的习性让它们成为房屋建筑、铁路桥梁、河岸、堤坝等的破坏者。此外，它们也会对农作物和园林树木等造成危害。因为它们的活动通常很隐蔽，所以白蚁造成大都是突发性的灾害。

目前世界上白蚁有 2 500 多种，是一类较古老的类群，至今已有 1.3 亿年的历史。白蚁分布在赤道两侧，身体软弱，喜欢群体生活，并有复杂的组织分工。按生活习性可分两类：一是木栖性白蚁：是木材制品的大害虫，因此对建筑物和交通安全威胁很大。二是土栖白蚁：在地面下土中筑巢，或巢高出地面成塔状，称为蚁冢，以树木、树叶和菌类等为食。

这种社会性昆虫，在蚁王和蚁后的带领下，众多分工不同的白蚁为这个大家族工作着。蚁王和蚁后只管交配产卵，蚁后个体比其他白蚁大几十倍，一生可产卵 5 亿枚。兵蚁勇猛善斗，负责站岗放哨，保卫家园。工蚁担负蛀蚀木材、运送食物、照料幼虫、修筑巢穴。白蚁的巢穴结构复杂。主巢建有蚁王和蚁后的王宫，周围巢片居住着忠实的兵蚁，蜂窝状副巢中居住数以万计的工蚁。有无数弯弯曲曲的宽畅隧道，总长数百米。

白蚁的城堡都是由唾液和粪便建成，却能保持 100 年之久。

白蚁属社会性群体生活昆虫，并有复杂的组织分工。在一个群体内的个体，从形态和分工上可分为两大类型，即生殖型和非生殖型。

白蚁为自己修筑的城堡在动物界都堪称一绝，可以说它是动物界的“建筑大师”。这座城堡的建筑工程复杂而又坚固。非洲和大洋洲的白蚁巢是高耸于地上的蚁塔，有圆锥、圆柱、金字塔等形状，一般高3～5米，最高的可达7米以上，占地100多平方米。蚁塔外层是工蚁用土石粒、动物粪便和唾液粘连的保护层，厚50厘米，像石头一样坚固，能经受风雨侵袭而安然无恙。

这样的城堡能够挺立100年之久。不但如此，房子还有非常棒的内部结构：空调、带顶的过道和花园，没有窗户，因为白蚁天生是瞎子。有的食菌类白蚁还在巢内建几个至几十个菌圃，培养菌类以供食用。

当人们挖开白蚁的蚁穴时，会发现在它们修筑的“王宫”旁边有一堆柴草，有木头、青草、树叶、纸屑，甚至是食草动物的粪便。这块儿就是白蚁的粮仓。这些东西看上去没有什么营养，但是在肠道微生物的帮助下，却成为白蚁维系生存的主要物资。家族中的工蚁不仅要负责收集这些食物，还要先把这些食物吃进去进行初步消化，再反哺给兵蚁和繁殖蚁。

一栋楼房如果遭遇白蚁侵袭，用不了一年半载，就会变成断瓦残垣。一件家具，白蚁蛀蚀10天左右，也会变得内部中空，徒留一层表皮。对于森林来说，白蚁的危害自是不可小觑。防治不及时，毁林的事件极有可能发生。幸好，自然界的万物都有它的克星。非洲的食蚁兽和我们平时见到的穿山甲就是白蚁的克星。1只穿山甲1天大约能吞食10万只白蚁，每年可以使百亩以上的森林免受白蚁危害，有“森林卫士”之美誉。

白蚁在身边

白蚁通常会在一些温热潮湿的地区出现，这种情况在人类居住的房间里也会发生。它们会破坏房屋的墙体、咬噬家具等，危害也很大。现在人们已经想出了很多防止白蚁的办法。

蜜蜂

每当春天来临、百花盛开，昆虫王国里的蜜蜂就要开始忙碌的。人们常常会看到它们在花丛中间上下飞舞的样子，采集五颜六色的鲜花花蜜。它们把采集来的花蜜带回蜂巢中，经过一番特别的加工，酿出香甜的蜂蜜，储存起来，准备到了冬天再慢慢享用。

蜜蜂能够辨别各种花朵五颜六色的色彩，对各种各样的花散发出来的气味也很敏感。在集体采集花蜜之前都会先派出几个“侦察兵”去探路，它们经常采集，对各种花朵的颜色和气味都很熟悉，所以能很快找到花蜜。

侦察蜂发现了花丛，就从腹部分泌出一种带有香气的东西涂抹在花朵上，然后就回去报告。侦察蜂会跳起一种特别的舞蹈，用来表示花蜜所在的方向和距离。如果侦察蜂跳起圆圈舞，就是告诉伙伴们附近就有花蜜，方向是朝着太阳的。它们还会跳“8”字舞呢，那表示花蜜一般都比较远。蜜蜂的口器像一个能伸能缩的吸管，采蜜时将吸管伸长，将花蜜吸进胃里。它们身上的绒毛，能够帮助它们黏住花粉。后脚上的“花粉篮”则

蜂巢

装着花蜜与花粉揉成的花粉团。

在一个蜜蜂家族通常都是由一个蜂王、600 ~ 800 只雄峰和约 7 ~ 8 万只工蜂组成，每只蜜蜂都有自己特定的职责和工作。肥胖硕大的蜂王只管交配产卵；雄蜂什么活也不干，它惟一的职责就是和蜂王交配。

数量最多的工蜂，最辛苦的也是工蜂。工蜂侍奉蜂王、哺育幼蜂、修建蜂房、清理垃圾、采花酿蜜、守卫家园等，辛辛苦苦、勤勤恳恳地负担着整个大家庭的全部劳动。有人计算过，酿成 500 克蜂蜜，必须在上百万的花朵上采集花粉，在蜂房和花丛之间往返飞行十几万趟，飞行 20 多万千米！

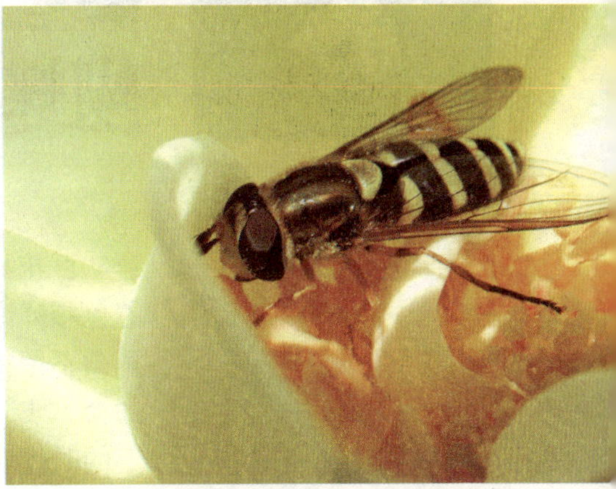

蜂王的寿命可达 3 ~ 5 年，衰老的蜂王多数被自然交替。

蜜蜂的巢也是由工蜂建造的。工蜂利用腹部分泌的蜜蜡，经过细细的咀嚼和揉拌，再建成六边形的巢。它们的巢既紧密又牢固，而且还很通风，蜜蜂们住在里面很舒服。几乎所有的蜂巢都是由几千甚至几万间蜂房组成，蜂房是大小相等的六棱柱体，底面由 3 个全等的菱形面土封闭起来，这个菱形的锐角都是 70°31'44"，容积几乎差不多都是 0.25 立方厘米。每排蜂房地产平等排列，互相嵌接，精密无比。这种结构十分符合几何学原理和建筑原则，用材最少而容积最大，真是巧夺天工。

蜂蜜的酿制也是一个非常复杂和辛苦的过程。负责酿蜜的工蜂们要把花粉吸进然后吐出，相互吞吐达 100 ~ 240 次。工蜂用翅膀扇去花蜜中 85%的水分，蜂蜜才算完成。幼蜂长到 12 ~ 18 天后，腹部的 4 对蜡腺已经发育完全，它们先饱餐一顿蜂蜜，然后开始分泌蜂蜡，建筑蜂房。蜜蜂采取花蜜时，身上粘上许多花粉，可为植物传粉，使多种作物增产。酿成的蜂蜜和蜂王浆以及蜂蜡是人体良好的滋补品。

很多人都会害怕蜜蜂，因为蜜蜂的腹部末端长有一根毒针，被蜇伤后疼痛难忍。其实并不是所有的蜜蜂都长有这根针，蜜蜂也不会轻易蜇人。雄蜂身上就没有长毒针。这根针和蜜蜂的毒腺和内脏器官相连，当蜜蜂的毒针蜇入人体的皮肤后，当它要飞走时，针尖的小倒钩会钩住人的皮肤。慌乱中，蜜蜂的内脏就会连同毒针一起被拉出来。所以，蜜蜂不到万不得已时是不会蜇人的。

蜜蜂与颜色

在蜜蜂的眼里，只看得到黄、绿、蓝、紫四种光的颜色。在万紫千红的花丛中，它们看不到红颜色，但是却能看见人类所看不见的紫外线。

蝴蝶

百花丛中，经常可以看到蝴蝶美丽的身影，它们扇动着色彩鲜艳的翅膀，优雅地飞着。当它们飞落在花草上时，稍微不留神，还会以为那是一朵朵漂亮的花呢。这样美丽的会“飞”的花，在没有长大以前，却是很丑陋的。它们小的时候叫毛毛虫，每天会吃掉许多树叶，给植物带来危害，人们都不喜欢它们小时候的样子。

蝴蝶的蛹

蝴蝶的蛹表面上看是静止不动的，其实在体内却在不断进行着变化。蛹的型态千变万化，色彩也变化多端，以圆筒形、纺锤形较多。

翅膀上长着各式的鳞片，使每只蝴蝶都会出现不同的色彩与花纹。这些鳞片可是蝴蝶调节自身体温的保护伞，这些鳞片会随着气温的升降而自动地张开和闭合。科学家们就是通过对蝴蝶鳞片的研究，设计了一种与蝴蝶鳞片相似的控温系统，成功解决了这个难题。而且，这些鳞片含有油性脂肪，具有防水的作用，它们的翅膀就像穿了一件“雨衣”，不怕雨水。因此在雨天，小鸟们都怕被淋着而躲了起来，可是不少蝴蝶却喜欢在雨中翩翩起舞，它们不怕自己漂亮的翅膀会被弄湿。

它们美丽的翅膀非常引人注目，这使得人们似乎忽略了它其他器官是什么样子。其实蝴蝶的嘴巴很特别，是一根细细长长的“管子”，平时它像蚊香一样盘卷着，一旦飞到盛开的鲜花上时，“管子”就会一下子伸展开，变得很长很长。等它们用它吸饱花朵深处的“蜜汁”后，“管子”又会变成原来盘卷起来的样子。

鲜花中的蝴蝶

蝴蝶的成长会经历一个从卵到幼虫、到蛹，再到成虫的一个过程。人们看到的美丽蝴蝶都是它的成虫，它小时候却生得非常丑陋——是一条条胖乎乎的毛毛虫。这些毛毛虫整日趴在树上啃食树

叶。到了一定阶段，它们就会演化成蛹，用一个坚实的外壳把自己包裹起来。经过一段时间的演化，破壳而出的就是美丽的蝴蝶了。

蝴蝶早晨飞得艰难而笨拙是因为早晨气温低。白天，地面受到太阳的暴晒而气流上升，蝴蝶随之起舞，就显得十分轻盈。但是早晨地面清寒，气流不大活动，蝴蝶因此少了可以凭借的外力。而且早晨气温较低，地面上会有水蒸气凝聚，蝴蝶总是栖身在密叶草丛中，翅膀常常会被水蒸气润湿，增加重量的同时，也增加了飞行的难度，所以蝴蝶早晨飞得很笨。

蝴蝶为典型的昼间活动性昆虫，有些种类在强光下飞行，有些则在阴暗处飞行。其飞行的高度因种类而异，有些只在草面飞行，有些则飞行很高。

到了冬天，大部分的蝴蝶都以卵、幼虫、成蛹的状态过冬，但帝王蝶却会大规模地迁徙，旅途最长可达 3 200 千米。在这漫长的旅途中，也有很多蝴蝶会因不堪劳累而死去。蝴蝶中有些属于成虫越冬的种类，它们找一处避风的地方，把足都蜷缩起来，紧紧地收拢翅膀，让自身的活动和消耗减到最小。

蝴蝶和蛾子就像一对“亲戚”，它们长得很相像。但只要你仔细观察，也会将它们区分开来：蛾子的触角像细丝一样，而蝴蝶的触角像一根细棒，顶端比较“胖”，就像一个火柴头一样；另外，蛾子的身体长得又粗又短，而蝴蝶则又细又“苗条”；还有，蛾子不飞的时候，喜欢把双翅收拢盖在身上；蝴蝶在停落的时候，双翅总是竖起来的。

现在全世界大约有 14 000 多种蝴蝶，它们虽然有美丽的外表，但却看不到任何颜色。蝴蝶的眼睛只能分辨出紫外线的强弱，它们寻找花朵，就是通过花瓣中的紫外线。蝴蝶眼中的世界大都是深色的，只有散发着强烈紫外线的花朵显得格外明亮。纹白蝶无法分辨粉红色和黄色（在它眼里都是紫色），它常常会成为停在粉红花朵上的黄蜘蛛的点心。或许它是把黄蜘蛛当成花蕊了。

蝴蝶卵

蜻蜓

人们时常看到，在池塘的水面上，蜻蜓飞得很低，而且不时用尾巴点击水面。人们称之为“蜻蜓点水”。其实，这是蜻蜓通过点水的动作将卵产在水里。蜻蜓的动作很麻利，它每在水面上点一下就会产下一粒卵。这些卵沉入水底以后就会粘在泥土或者水下的植物上。经过一段时间的发育，这些卵就变成幼虫“水虿”。水虿只有3对足，没有翅膀，不能飞，生活在水中靠吃蚊子的幼虫慢慢长大。大约1年后，水虿就会爬到岸边的植物上，脱掉那身沾满泥巴的丑陋外套，变成美丽、灵巧的蜻蜓飞上天空。

蜻蜓有“空中骄子”的美称，它身体修长，色彩艳丽，体态优雅，飞行灵活敏捷，有趣而诱人，是人们喜爱的观赏昆虫。白天的时候，它们常常在田野、园林等场所活动，捕食大量害虫，对人类而言，它们是一种益虫。灵活的大眼睛加上高超的飞行技巧，正是蜻蜓轻松、准确捕食的法宝。

蜻蜓飞得很快，有些飞行时速可达100千米，而它又能在空中短暂停身不动。

蜻蜓的这对大眼睛是一对非常大的复眼，整个头部差不多都让那两只凸出来的大眼睛给占满了，细细看起来，还有点像科幻小说中的"外星人"呢。蜻蜓的复眼里面有上万只小眼睛，是昆虫中最多的。由于它的每只小眼睛都是六边形的，能聚集光线，所以它的视力也是最好的。蜻蜓的复眼可以随颈部上下左右灵活转动，而且对移动的物体特别敏感，所以被它盯上的小昆虫是很难再逃掉的。蜻蜓专门捕食蚊子、苍蝇、稻飞虱、蛾类等害虫，是人类的好朋友。有人观察到，1 只蜻蜓 1 小时吃了 840 只蚊子，是名副其实的"灭蚊专家"。世界上有 5 000 多种蜻蜓，中国有 350 种。

而蜻蜓的身体却似一架灵活的小飞机，它有两对平展透明的翅膀，好似飞机的机翼；它那挺直修长的后腹，犹如飞机的机身，这种体型很适合飞行。它不但飞得高，飞得快，而且还能做出悬飞、俯冲等许多高难度的飞行动作。在空中，它能随心所欲的飞翔。蜻蜓是世界上飞得最快的昆虫，昆虫中的飞行速度记录一直由蜻蜓保持着，时速通常为 60 ~ 80 千米，最快时还可达到每小时 100 千米！

一般分为蜻蜓和豆娘两大类，休息时前者翅膀平放两侧，后者翅膀竖立在背上。蜻蜓头大而灵活，口内有一对强有力的紫色大颚。两只复眼可以左右转动 180°，上下转动 110°，由 1.2 万个小眼组成，在疾飞中能清晰地看到 9 米处的飞虫。腹部细长，呈圆筒状或扁状，有 6 只足，足上长有锋利钩刺，可凌空捕捉食物。蜻蜓是最出色的飞行家，可垂直升降，急飞中突然停顿，做 180° 急转弯，倒着飞。

蜻蜓是称职的气象预报员。"蜻蜓飞得低，出门带蓑衣"，说明快下雨了。这是因为空气中水汽多，飞虫翅膀湿，飞不高，这正是蜻蜓捕食蚊虫等的好时机。

翅膀上的黑斑

蜻蜓的翅膀前缘有一个色素斑，人们把它称作"翼痣"或"翼眼"。这个翅痣有着很好的消振功能，防止蜻蜓在快速飞行和转弯时翅膀受到颤振干扰。

灯笼般的大眼睛

金龟子

金龟子可以说是世界上最奇特的甲虫了。它们的身体是卵圆形的，一对触角就像两只刷子，它们的身体具有各种各样不同的颜色，那些雄性金龟子头上还长着形状不同的各种角，有弯钩状的，有尖刺状的，还有叉子形状的。虽然金龟子的外壳看上去很漂亮，但它们大多数都是危害树木和农作物的害虫。

说金龟子是害虫，很多人都对它都没有什么好印象。但是在古代的埃及，人们却都对它们情有独钟。古埃及人在许许多多器具和用品上都刻画上了金龟子的形状，当作尊贵的象征。到了现在，金龟子凭借它漂亮的外表赢得了小孩子们的喜爱，一些成年人也用它们来作装饰品。但是这样的大肆捕捉，却导致金龟子种群的发展出现危机。

金龟子受惊后即落地装死

属于金龟子这个家族的成员大约有 2 800 种，它们喜欢在热带地区生活，海岸和山地这样的地方我们都可以看到金龟子活动的身影。如果你看过它们飞行的话，就会知道，它们是先升起前翅，然后再打开只用于飞行的后翅起飞，在飞行中前翅始终张开着。金龟子奇形怪状的角可以用来向同伴炫耀，也可以用来将挡路的对手挑开。长长的脚可以帮助头上的角伸到更前面、更下面去挑开对手。

兜虫是金龟子家族中的成员，它是全世界体型

金龟子是害虫

最大的甲虫之一。它头上的触角几乎和身体的长度相等，看起来就好像一头威风凛凛的大犀牛。最出名的金龟子当然要数粪金龟了，也就是人们经常说的“屎克郎”，它们以收集动物的粪便而出名。粪金龟一般是将收集起来的粪便滚成一个个圆球，埋进地底下，然后把卵产在粪球里面。它们的习性为清洁人类的生活环境作出了很大的贡献。

到了春天，宝石金龟子的雌虫就会在树桩或圆木上产下几十枚卵。虫卵孵化后，幼虫就在木头上啄个洞钻进去，啃食植物纤维。大概经过1年或更长时间的发育，幼虫就在这些腐木中形成的小室里发育成蛹。

在夏季刚刚来临的时候，人们就可以看到宝石金龟子的成虫了。这时，它的身体柔软苍白，几个小时之后，身体就会逐渐变硬，显出绚丽的色彩。变成成虫后，它们一般就隐藏在茂密的森林中，可以活3个月左右的时间，啃食树叶，繁殖后代。

铜绿金龟子有着铜绿色的背面，光泽栗色反光的鞘翅。鞘翅上有3条纵纹突起。雄性的腹面为深棕褐色，雌虫的为淡黄褐色。朝鲜黑金龟子大约有18～21毫米长，背面具有黑色光泽，鞘翅黑褐色也呈黑褐色。暗黑金龟子的背面虽然说也是黑色，但是却没有光泽，翅上及腹部有短小蓝灰绒毛。茶色金龟子周身呈现茶褐色，并且生有密密的黄褐色短毛。

金龟子的食物

金龟子主要以植物的叶、花、芽及果实等地上部分为食，也会啮食植物根和块茎或幼苗等地下部分。因此，它们是一种地下害虫。

螳螂

枯叶螳螂

提起螳螂，人们可能就会想到雌螳螂吃雄螳螂的习俗。其实雌螳螂吃雄螳螂也是有一定原因的。因为雌螳螂在生育小螳螂时，要耗费很大的体力，为了保证它们的体力，雄螳螂自愿充当补品被伴侣吃掉。

到了交配季节，雌螳螂会散发一种叫做费洛蒙的激素。这种激素会吸引雄螳螂的到来。接收到这种气味的雄螳螂就会寻味而来。相见之后，它们并没有立即开始交配，而是先用它们那特殊的大眼睛相互打量，凝视良久。然后，先由雄螳螂摆动触角向雌螳螂表示爱意，雌螳螂也用摆动触角表示认可，这时雄螳螂才向雌螳螂缓慢地爬去。接近时，双方再用触角摩擦对方的触角，经过双方的触角厮磨后，才会正式进入交配过程。螳螂的交配往往会持续几个小时。

在交配完毕后，有时雌螳螂就会回过头来啃食雄螳螂的头部，进而一口一口把雄螳螂的全身都吃光。而此时的雄螳螂竟不作任何抵抗，任其为所欲为。这都是为了给交配后的雌螳螂提供大量的营养，来满足大腹中卵粒的成型。不过这种现象在螳螂交配中并不是每一次都会出现的。

螳螂头上长着一对大复眼和三只单眼。它的复眼很奇特，在白天是透明的，到了晚上，就不再透明，变成巧克力的颜色了。

螳螂有保护色，有的并有拟态，与其所处环境相似，借以捕食多种害虫。

其实，这是螳螂为了适应黑暗，在夜晚也能看清四周，把眼睛里面的色素聚积起来的缘故。强壮的大颚旁边长着颚须，用来品尝食物的味道。螳螂的头顶上长有两根细长的触角，它们常有把触角拉进嘴里的举动。这是螳螂清理触角的动作，它们保持触角干净，就可以维持它的灵敏度。它特有的“大刀”似的前足，让其他昆虫见了就害怕。

螳螂是一个勤劳而凶悍的捕食者。它们常常不分日夜地随处捕捉猎物。当它们发现猎物时，“大刀”一样的前肢就发挥作用了。螳螂的前肢长着一排倒钩状的小刺，就像一对锋利的大镰刀，很多昆虫都不敢去招惹它们。螳螂可以说是昆虫王国的小霸王了。

同时，螳螂是一个“埋伏高手”，它们经常躲在草丛或树枝上，晃动着突出的大眼睛和三角形的脑袋，十分警惕，随时准备捕捉其他昆虫。它们有一项本领，就是会随着周围环境而改变自己的形态与颜色。有时，它们像一片枯叶；有时，它们又像一朵花。当蝴蝶这样的昆虫飞来飞去采蜜时，常常会被它们吓得半死。

现在生活在地球上的螳螂大约有1 800多种，在热带和亚热带地区繁殖特别旺盛。经过数百万年的进化，它们已经很好地适应了各地的环境，并且形成了适应环境的保护色和形态。绿叶螳螂大都分布在热带森林的各种叶层中，棕色干树叶类的螳螂则在林木底下繁殖。在草原、灌木丛，甚至是沙漠地区，都有螳螂的分布，而且身形各异，数量比地球上的人口还多。

螳螂产卵

雌螳螂在交尾两天后，就会开始产卵。起初雌螳螂排出来的是一种棉花样的泡沫。等这种物质黏附到产卵的地点时，它才会在这层泡沫上产卵。

蚂蚁

蚂蚁搬运食物的情景应该每个人都见过：在路边的泥地上，一长串蚂蚁排着整齐的长队，在食物和蚂蚁洞间来回奔波着，一路上匆匆忙忙的样子，要是碰到另一只蚂蚁，它们就用头上的触角相互碰一碰，就好像在说话一样，看上去非常有趣。

这些动物世界中的“小不点儿”看似很不起眼，但它们的世界照样很精彩。虽然不能像人那样会说话，但是蚂蚁仍有自己的“肢体语言”，比如高高举起腹部站立时，就表示发现了好多食物；用腹部敲击地面，就表示前面有危险；如果把尾部弯曲在两脚中间，表示战争马上要开始了。

蚁在世界各个角落都能存活，其秘诀就在于它们生活在一个非常有组织的群体中。

几乎所有的蚂蚁都喜欢打架，会为了争夺食物而发生战争。蚂蚁的上下颚就像可怕的铁钳，一旦被它咬住就不能轻易地解脱。它们在打架的时候，喜欢相互攻击脚部，切断对手的脚让它不能动弹。此外，蚂蚁的尾部还可以喷出一种叫“蚁酸”的毒液，用来攻击敌人，保护自己。它们

把尾部弯曲在两脚中间，用尾部喷出的酸性毒液相互攻击，毒性足以使其中一方死亡。

蚂蚁是社会性很强的昆虫，彼此通过身体发出的信息素来进行交流沟通，当蚂蚁找到食物时，会在食物上撒布那种信息素，别的蚂蚁就会本能的把有信息素的东西拖回洞里去。

蚂蚁是靠气味来“说话”的。它们经常单独到外边寻找食物，找到食物后，它们不会独自贪吃，而是要通知同伴，招呼大伙儿一同把食物抬回洞里一起享用。为什么蚂蚁的同伴会找到它们呢？因为蚂蚁的腹部会分泌出一种特别的气味，它们出去时，会将腹部尾端不停地和地面摩擦，所以路上就留下了气味，就好像是在对同伴说：“我从这儿走过！”一样。

人们常见的那种小黑蚁通常在早晨七八点的时候，就出去寻找食物了，一直到下午五点才返回蚁巢。如果在一天中，蚁巢不封口，那么就预示着未来24小时天气晴朗。如果它们从树上搬迁到阴湿之处，并将未孵化的卵块一起搬走，就预示未来将有长时间的干旱天气。第三种情况是，它们搬运泥沙等来堵住蚁巢的洞口，这就是说过不久也许就会出现阴雨天了。

待到外出的蚂蚁找到食物，如果是小块儿的，它就可以自己搬回蚁巢。若是食物很多很大，它就会立刻返回蚁巢去求援兵。别看蚂蚁的个头很小，但却是个真正的大力士，它们可以搬动比自己还大好多倍的猎物，这方面连大象都不如它们。如果遇到特别大的食物，好几只蚂蚁会齐心协力把它抬回去。

蚂蚁是世界上包括白蚁和蜜蜂在内的三大“社会性昆虫”之一。在地球上，它们是数量最多、分布最广的动物。有人做过统计，把全世界的蚂蚁加在一起，其重量将超过脊椎动物的总重量。蚂蚁家族有着悠久的历史，人们在波罗的海沿岸就发现过嵌着蚂蚁遗骸的琥珀化石，由此得出，蚂蚁在地球上存在了至少有4 500万年了。其实，它们真正的祖先可以追溯到1亿多年前的中生代。在体型庞大的恐龙灭绝之后，这个身材小巧的物种却一种生存到了今天。

蚂蚁与伙伴

当蚂蚁发现自己的同伴死去后，会把它的尸体扛回蚁巢。原因是死去同伴的身体上还存在有特有的信息素，尸体就会被困惑的同伴当成食物运回去。但是因为它们身上有相同的气味，所以它不会被同伴吃掉。

瓢虫

说起瓢虫，大家都不会陌生，它是一种受人们喜爱的小甲虫。瓢虫体表长着光滑而坚硬的翅膀，它们的身体和翅膀是五颜六色的，上面点缀着美丽的斑点花纹，看上去十分显眼。人们可以通过数瓢虫身上的斑点数目来认识不同的瓢虫，常见的有七星、十三星、二十二星和大红瓢虫。大多数瓢虫都是人类的好朋友。

瓢虫要从一颗卵长大起来，一般要经历四次改变：它们从卵开始孵化成幼虫；幼虫经过吃食，慢慢长大，长出一层坚硬的皮，变成“蛹”；在蛹里面，幼虫身体发生变化，长成瓢虫的样子后，蛹会裂开，瓢虫就从里面爬出来开始活动。要知道，它们一定是在前面无路可爬时，才展开翅膀飞行。

漂亮的瓢虫

瓢虫的蛹很厉害，它们可以保护自己。如果碰到像蚂蚁这样的敌人，瓢虫蛹会突然施展“魔法”让身体竖起来，把蚂蚁吓跑。有时候，天气比较冷，瓢虫蛹也会竖起来，吸收更多的阳光，温暖自己。

成年瓢虫像幼虫一样，会趴在植物上捕食蚜虫。它们都有一对硬硬的翅膀，是瓢虫最好的保护神。它不但可以避免天气不好时对它们的影响，还可以保护它们的身体免遭机械或者敌人的伤害。有了这样好的“保护神”，瓢虫们就可以随便在空中、森林里、草原上和洞穴间穿梭了。人们只要数一数翅鞘上的斑点，就可以知道是什么瓢虫。

大多数瓢虫都以蚜虫、介壳虫为食物，它们为保护庄稼尽心尽力，是人类的好朋友。像人们常见的七星瓢虫，它一天就能吃掉 100 多只危害庄稼的蚜虫。但是并不是所有的瓢虫都是益虫，有少数瓢虫反而会

瓢虫

危害庄稼。比如十一星瓢虫，它们就喜欢爬到庄稼或果树上，把叶子咬出一条条伤痕，影响它们生长。

七星瓢虫是瓢虫的一种，俗称“花大姐”。体长 5 ~ 6 毫米，腹部扁平，背部隆起成半圆球状。头部、胸部黑色，两瓣红橙色鞘翅上有 7 个圆形黑斑，因而得名。

春天万物复苏，一派生机。七星瓢虫从冬眠中醒来，活跃在各地麦田、稻田、茶叶果园，吃各种蚜虫、粉虱、叶螨等农业害虫。特别爱吃蚜虫，是灭蚜能手。每只七星瓢虫每天要捕食 100 多只蚜虫，有趣的是雌性七星瓢只吃蚜虫才能产卵，繁殖后代。

七星瓢虫喜温怕热，盛夏时成群结队从全国各地飞到渤海沿岸避暑。从烟台、龙口，经天津、北戴河，到大连数百千米海岸线。把海岸树木、海滩染成一片橘红色。

科学家们经过研究，发现区别有害瓢虫和有益瓢虫的方法就是，观察它的外翅上是不是生有细小的绒毛。通常情况下，有害的瓢虫都是会长这种小绒毛，有益的则没有。像是十一星瓢虫和二十八星瓢虫就是生有小绒毛的害虫。十一星瓢虫的鞘翅基色为黄色，上面生有是一个黑色斑。二十八星瓢虫以吃植物的叶子为生，它们主要寄生在茄子、马铃薯、番茄等作物的叶子上。它们的成虫和幼虫会躲在叶子的背面剥食叶肉，会把叶子吃成孔状，甚至只剩下叶脉。最后，会导致整个叶片的干枯、变褐。

瓢虫装死

瓢虫在遇到强敌的时候，会立刻从树上落到地面，并把它的脚收缩在肚子底下，假装自己已经死掉了。从而瞒过敌人的眼睛，保住性命。

蜘蛛

全世界已知有3.5万种蜘蛛，中国大约有1 000种。有一种叫做唾沫蛛的，它不像其他蜘蛛一样会吐丝织网。而且它做起事情来行动缓慢，看上去很难捕到什么猎物。但它却有自己的独家秘籍。当它看到一只苍蝇时，一开始它会慢慢接近猎物，然后它的身子会迅速一抖，以极高的速度啐出一口唾沫。苍蝇在来不及反应和防备的情况下，被这个从天而降的胶液粘住，逃都逃不脱。这时唾沫蛛才慢慢地走到自己的猎物跟前，把一种能致瘫痪性的毒液注射到苍蝇体内。这种毒素并不会要了苍蝇的命，而会使苍蝇全身麻痹，大脑中的命令无法到达神经末梢。苍蝇就这样被唾沫蛛活活给吃掉了。

很多人误认为蜘蛛是昆虫家族的成员，其实它不是昆虫。蜘蛛和昆虫都属于节肢动物，但蜘蛛独立成蜘蛛纲。区别并不难，昆虫有6条腿，而蜘蛛有8条腿、一对螯肢和一对脚须；蜘蛛身体有中胸部和腹部，8条腿与头胸部相连；昆虫身体有头部、胸部和腹部三部分，6条腿从胸部长出来，有的昆虫还有一对或两对翅膀。

所有的蜘蛛都有毒，只是毒性强弱不同。

大部分蜘蛛的一对螯肢中能分泌毒液，通过螯牙注入被捕动物体内。一种红带蜘蛛能致人畜于死地。巴西有一种非拉蛛毒性最强，能破坏中枢神经，每年都有数百人被咬伤，不立即注射特效抗毒素，必死无疑。

蜘蛛腹内有纺织腺，分泌的液体流出，遇空气凝固成细丝。很多细丝结成蛛丝，比家蚕丝还细得多，不怕热，不怕潮，弹性极好。雌蜘蛛用蛛丝织成孵化卵的房子，蛛丝网也是飞虫的陷阱。蜘蛛残酷而贪吃，往往先在猎物体内注射毒液，再慢慢吸吮体液，丢弃残骸。蛛丝主要成分是蛋白质，如果蛛网被损坏了，它们就把蛛网吃掉，消化后又成了造丝材料。

蜘蛛家族里的成员很多，它们的外形有大有小，大的蜘蛛甚至可以捕到一只鸟做晚餐。一只美丽的金翅雀被困

蜘蛛结网

在白色蛛网密布的树枝上。它拼命挣扎，但最终也没摆脱死亡的命运，成了八脚怪物的晚餐。这种八脚怪物就是生活在亚马孙带雨林中的一种巨型蜘蛛——食鸟蛛。它体长8～15厘米，8只脚展开来足有25厘米。食鸟蛛是技法高明的猎手，能编织既结实又黏的网，等待猎物自投罗网。

食鸟蛛有两类：一类居住在地下洞穴里，主要吃青蛙、蜥蜴、蛇类和老鼠；一类居住在树上，个体较大，以小鸟为主要食物，也吃其他小动物。食鸟蛛有两个气囊、4个吐丝孔、8只眼睛。身体和附肢长满橙红色粗毛，腹部毛较细。长有一双强有力的螯牙，牙根连着毒腺，可分泌毒液。猎物一旦被网着，它就迅速爬去，先毒死猎物再慢慢食用。食鸟蛛喜欢独居，多在白天休息，夜晚活动。在墨西哥和西印度群岛也有分布。

还有一种跳蜘蛛，它们吐丝，但是从不结网，走动时留下一条导索作为预防走失的安全索。8只眼睛很不寻常，而且都是单眼，4只长在脸上，4只长在头顶上，这些眼睛的构造与分工都不相同。跳蜘蛛的视野十分开阔，比一般昆虫看得远看得宽，因此，它捕捉昆虫很容易。在捕食时，跳蜘蛛会移到猎物附近，然后用力跃起，从空中落下，按住猎物，再享受美味。

蜘蛛网

蜘蛛网是由两股不同类型的丝线绞合在一起构成的，具有很高的强度和柔性。可以伸长到原来的4倍，恢复原状后也不会下垂。这使得被它网到的猎物很难挣脱束缚。

哺乳动物

蝙蝠一觉能睡 30 ~ 40 天

在地球上的动物世界里，有一类动物一生下来就要吃母亲的奶，它们靠母乳的喂养长大，人们把这些动物叫做哺乳动物。哺乳动物的身体温度相对稳定，大约在 30℃到 40℃之间，太高或太低，它们的身体都受不了。所以，热的时候，它们会想办法降低体温；冷的时候，又会给身体保暖。也正是因为要保持恒定的体温，多数哺乳动物身上都有毛，有些哺乳动物身上的皮毛还很厚，比如兔子、大熊猫等，这样可以帮助它们防寒。这样说来，人类也是哺乳动物。

在哺乳动物界，蝙蝠是唯一会飞的。它们的外形很像一只老鼠，浑身黑漆漆的，所以并不讨人喜爱。虽然和鸟一样，同在空中飞翔。但是蝙蝠的翅膀跟鸟类的完全不同，它的翅膀实际是那又细又长的前肢延伸出来的，外面包裹着一层薄薄的皮膜，没有毛。蝙蝠的粪便不仅是上好的肥料，还能当药用，中药“夜明砂”就是由蝙蝠粪便加工而成的。

多数蝙蝠喜欢群居在黑漆漆的山洞里或者树顶上，也有一些蝙蝠没有固定的家，它们会临时找一些芭蕉叶或者竹子栖身。它们喜欢把身体倒挂在岩洞顶上或者大树枝上，这样既保暖又安全，遇到危险时还可以随时起飞。

蝙蝠几乎看不清楚任何物体，但它却能听到很多人和其他动物都听不到的声音。它们

沙漠是地球上最干燥的地方，地面完全由沙覆盖着，稀少的降雨量让这里也少有植物生存。骆驼有自己独特的适应方法。

能够发出一种人类听不到的超声波，这种声波遇到障碍就会反射回来。蝙蝠的耳朵接收到反射回的超声波，就会判断出前面有障碍物。它们就是通过这种方式来“看路”的。

沙漠里又干燥又炎热，可是有的哺乳动物，骆驼被称为“沙漠之舟”，它们生活在沙漠，不怕炎热、风沙、饥渴，能驮着沉重的货物在沙漠里长时间行走。刚出生的小骆驼是没有驼峰的，它们的驼峰是以后慢慢长出来的。骆驼有四条很细长的腿，大大的蹄子下长着肥厚的弹簧似的肉垫，踩着晒得滚烫的沙子，既不容易陷下去，又不容易被烫伤。它们能够长时间在沙漠里行走，可以几天不吃一点食物，不喝一口水。

哺乳动物的分类

按照食性，哺乳动物可以分为三类：以其他动物为食物的食肉动物、只吃植物的食草动物和兼食动物和植物的杂食性动物。

在世界上最寒冷的地方——南极和北极，也有很多哺乳动物生存。生活在北极的麝牛，因为浑身散发着一股麝香的气味而得名。它们是北极地区最大的食草动物。生活在北极地区丛林中的北极狼獾，既不是狼也不是獾，它是鼬鼠家族里最大的成员。它们善于在雪地上奔跑，捕食驯鹿这样的大型猎物。

不仅在陆地上，水中也有哺乳动物的分布。海牛就是人们传说中的“美人鱼”，它们身躯肥大，看上去非常笨拙，其实，海牛在水中非常灵活。它特殊的骨骼构造使得骨头里没有空隙，它们可以毫不费力地下沉或者停留在水中。河马也是生活在水里的一种哺乳动物，它出生在陆地上，却喜欢在水中生活。河马的体型仅比大象小，在陆地上算是第二大哺乳动物了。河马身上没有汗腺，泡在水里可以保持恒定的体温。

身边的宠物

狗是人类最早驯养的动物之一。它们既聪明，又勇敢，在人们的生活中起着很重要的作用。狗的嗅觉十分灵敏，它们的鼻子比人类的鼻子灵敏几十倍。而且它对自己的主人非常忠诚，因此它们能帮助人们做很多的事情，比如：捕捉猎物，看护羊群，守卫家门……对很多人来说，它们简直是不可缺少的忠实伙伴和朋友。

通过系统驯养，狗能与人类更为和睦地相处。

狗见了生人总会汪汪大叫，这跟它们的祖先狼不无关系。狗是由野生的狼驯化而来的。生活在森林里的野狼一般都有自己的领地，如果别的狼侵入了它们的地盘，狼就会嗷嗷叫唤发起进攻，把入侵者赶跑。被驯化的狗仍然保留着祖先的习惯，如果发现生人，它们想都不想就会汪汪大叫起来。

狗通常都是通过尾巴来表达自己的意思。如果它们把尾巴高高翘起或者拼命摇动时，就表示它很“高兴”；如果尾巴往下垂，就表示“危险”；如果把尾巴夹在后面的两条腿中间，那就表示我感到“害怕”。

狗在激烈地奔跑中或天热的时候，都会把长长的舌头伸到嘴巴外面，它们这么做是为了出

汗。出汗可以降低它们身体的温度，跟人类不同的是，狗是用舌头出汗。所以，我们常常看到狗把舌头伸出来，散发身体里的热量。

猫的习惯是经常清理自己的毛，小猫在很多时候，爱舔身子，自我清洁。

猫也是一种生活在人类身边的动物。它们的祖先都生活在密密的森林中，因为性格比较温顺，所以渐渐成了人类的好伙伴。后来，经过人类的驯养，它们放弃了原先野生的生活，跟人们一起住进了城市，变成了今天我们看到的家猫。而真正的野猫，今天依然生活在森林里，它的性格要比家猫凶猛。猫都喜欢捕捉老鼠，它们的捕鼠本领很高，所以被人称为“捕鼠夹子”。猫的外形有些像老虎，但个头和力气却远不如老虎。

猫的脚趾下都有一块小肉垫，脚掌当中还有一块大肉垫，这种肉垫厚厚的，既柔软又有弹性。走路的时候，猫会把它尖尖的爪子缩进肉垫里，这样，猫就像穿了一双又厚又软的鞋子，走起路来一点声音都没有，等老鼠发现猫来了，它已经跑不掉了。

在吃完食物以后，它们总会用爪子洗洗脸、理理胡子，它休息的时候，也常常用爪子在脸上摸来摸去。它们这样做是为了清除粘在胡须上的脏东西。胡须对猫来说有着特殊的功用，在抓老鼠的时候，这些胡须就好像是一把尺子，可以用它来测量鼠洞的大小。所以猫必须保持胡须的清洁，这样它才会感觉灵敏。

猫的眼睛非常神奇，它们眼睛里的瞳孔会一天变三变：中午光线强的时候，它会变成一条线；夜晚光线弱的时候，它会变得圆溜溜的，看上去就像两盏灯；到了早上，它又变得像枣核一样了。在猫家族当中，还有一种叫波斯猫的，这种猫的两只眼珠具有不一样的颜色。

在小猫刚生下来的时候，猫妈妈就要用舌头把它的全身舔一遍。尤其是小猫的嘴巴，猫妈妈会特别用力地舔，它这样做是为了让小猫喘气，让小猫学会呼吸。另外，猫妈妈的舌头还可以把小猫身上湿湿的毛舔干，免得小猫受凉感冒了。

非洲野狗

非洲野狗具有群居的习性。它们依靠集体的力量捕食，为了到手的猎物不让狮子等大型动物抢走，它们的进食速度非常快。回到狗窝，它们会将反刍的食物分给那些因为老、病而无法捕猎或留下来抚育幼崽的同伴。

狼

一说到狼，人们就会想起它尖尖的牙齿、会发绿光的眼睛，还有那种恐怖的嚎叫声。狼有两类：灰狼和红狼。不过，红狼因为有一身美丽的皮毛而遭到人类的捕杀，已经快要灭绝了。平时，狼喜欢单独活动，只有食物稀少的冬天，狼才聚集成群，合作围捕大猎物。由于它们很能跑，所以要在狼群面前保住性命，基本上是不可能的事情。

外型看上去很像狗，但尾巴却不像狗那样卷曲。狗爱摇尾巴，狼却喜欢把大尾巴拖在两条后腿当中。结实的腿配上长长的脚，使狼跑起来毫不费力，它们可以连续快跑几个小时不休息。它们常在黎明或黄昏嗥叫，它们的叫声听起来很可怕，有些人以为狼这样叫是因为它们太孤独了，其实这是它们在与同伴互相联络，嗥叫是它们的语言。它们有时是整个狼群一起嗥叫，有时是一只狼在嗥叫。狼的视觉和味觉也都很灵敏，差不多是人类的100倍。

如果在森林里过夜的人，或许见到过狼眼睛里闪射出来的绿色的光芒。这样的光芒看起来很凶狠、很可怕。其实，狼的眼睛并不能自己发光，但它能把黑夜里微弱的光芒都收拢来，聚成一束再反射出去。这样，这束绿光看起来就像是从它眼睛里放射出来的一样。

胡狼

胡狼大都栖息在较为开阔的地带，它们以动植物或尸肉为食。白天的时候，它们会隐藏在灌丛中；到了黄昏才出去找寻猎物。胡狼常尾随在狮和其他大型猫科动物后面，吃它们剩下的猎物。

冬天里，一起群居的狼。

狼通常 20 ~ 30 只组合成一群。它们有严格的等级关系，这是根据成员间的经验，估计出它们的力量的强弱，强者立起尾巴，两眼瞪视，弱者露出喉咙和腹部表示服从。狼群是由一只雄狼和一只雌狼共同占据领导地位的。捕食时，狼群齐心协力，合作围捕，很少有猎物能从它们的口中逃生。

凶残的狼也有可爱的一面，它们一旦选中伴侣，将终生厮守，彼此照顾极为体贴。对幼仔，狼也显示出少有的慈爱。雌狼会将肉咬碎哺喂幼仔，还会耐心地教小狼捕猎技巧。它们为自己安排住的地方，即舒服又安全。不仅有入口，还有紧急出口与地道。

狼喜欢成群猎食，每当它们准备出发时，就会用不同的嚎叫声同其他的狼交流情况，以便更好地合作。

狼曾经有很多种，其中大部分已灭绝。现在世界范围内有 32 个品种，其中最为出名的是灰狼、红狼、北极狼等。它们曾广泛地分布于北半球，但家园被拓荒的人类毁掉了。如今，狼凭着很强的适应性，将领地退缩到了高原、山区地带。

它们广泛分布于亚欧大陆洲和北美各种不同环境中。生长迅速，3 岁时性成熟。狼“家族观念”重，幼狼被人捕获后，亲狼会舍命相救。但当亲子和其他幼狼同时遇到危险时，老狼往往先救援其他幼狼而非亲子。一面向相反的方向拼命奔跑。这种“舍己救人”的行为是为了保存种群的优势。除了人类，狼几乎没有天敌。尽管天生条件优越，但狼一般情况下是很温和的动物，它们不愿去战斗，也非常怕人。这样说来，人们是否应该对狼有一个新的认识呢？

狼的耐心总是令人惊奇，它们可以为一个目标耗费相当长的时间而丝毫不觉厌烦。

老虎

老虎是体型最大、最强有力的猫科动物，分布在亚洲的许多地区，被喻为“森林之王”。老虎的身躯雄健、四肢强壮有力，只要它前爪一击，就能使一只成年的鹿倒地。老虎来了，整个丛林里的动物都得向它俯首臣服。它们锋利的牙齿和尖利的爪子，使在森林中可称得上是“兽中之王”。但即使是这样凶猛的老虎，最害怕的竟然是人类。只有它们当中有些年岁大的或受过伤的老虎，因为捕捉猎物太困难了，才会冒险去进攻人类。

老虎在森林里威风凛凛，凶猛无比，是自然界生物链中顶级一环，被誉为“百兽之王”。很多野兽都不是老虎的对手，因为老虎身上长有善于隐藏的条纹，很像枯黄的茅草丛，躲起来不容易被发现。当它们悄悄地接近猎物时，可以把笨重的身体贴近地面，藏在草丛中或河塘里。

虎不喜欢炎热的天气，因为它们缺少汗腺，夏季到来之后它们总会四处找树荫躲着。

老虎是个山霸王，老虎却只是独往独来，从不合群，通

常每只雄虎各自占山为王，不允许别的雄虎侵犯。一只成年雄虎的领地可达 30 ～ 40 万公顷，这么大的范围内或许只有它和几只雌虎。难怪人们常说“一山不容二虎”。

老虎不会爬树，但很会游泳。它们经常去河边洗澡，尤其是夏天捕食过猎物之后，老虎浑身发热，就会到河边用水“凉快”一番。它们洗澡很讲究，总是慢慢地蹲伏下去，将又长又硬的尾巴浸入水中，然后溅起水往背上挥洒。

虎是林栖动物，只要不远离水源，它们在林地边缘的沼泽、草原也能适应。

在猫科动物界，老虎属于大型食肉动物。只产于亚洲，主要生活在南亚、东南亚、中国、朝鲜和俄罗斯东部，现在东北虎、华南虎、孟加拉虎、苏门答腊虎、东南亚虎五个亚种。20 世纪现亚洲有 10 万只之多，如今只剩下 5 000 ～ 7 000 只。1980 年以前，巴厘虎、里海虎和爪哇虎三个亚种已相继灭绝。另外，据有关文献记载中国新疆中部还有三种新疆虎，近年来，有识之士正在寻找，不知是否还存在。中国有三个亚种。东北虎又叫西伯利亚虎、乌苏里虎，体型最大，最大的体长 4 米多，重 384 千克。毛长色淡，分布在黑龙江、吉林和俄罗斯远东区 、朝鲜北部。华南虎是中国特产，又叫中国虎，个头较小，毛色深红，曾广泛分布于华东、华中、华南及陕西、晋南各地。1 949 年尚存 4 000 余只，目前各地动物园有 56 只，野生的仅在浙江、福建梅花山、湖南北黑山、江西宜黄县和湖北宜昌等地发现其踪迹，估计只有 20 ～ 40 只。孟加拉虎毛短、尾细，颜色、个头介于东北虎和华南虎之间，分布于云南西双版纳、西藏东南部和印度、孟加拉、尼泊尔，数量占老虎总数的 2/3 左右。

由于自然环境的破坏、人类的滥捕乱杀，老虎失去了家园，濒于灭绝边缘。华南虎更被列为全球极度濒危的 10 大物种之首。 20 世纪 90 年代，中国兴建东北虎林园，并启动“中国华南虎拯救工程”，实行放虎归山、保护老虎的重大行动。

猫科动物

猫科动物的外形都与人们常见家猫很相近。它们都是圆脸短嘴巴，牙齿少而尖，但是上下两对犬齿非常强而有力，这样的牙齿可以咬断猎物的脖子。这类动物有小型的，也有大型的，包括家猫、老虎、狮子、豹子等。

豹家族

雪豹是一种美丽而濒危的猫科动物，是促进山地生物多样性的旗舰，是世界上最高海拔的显著象征。

猎豹凶猛好斗，但易于驯养，古代曾用它助猎。

生活在非洲草原上的猎豹，有着修长而苗条的身子，背上的骨头柔软，在奔跑的时候弯曲起来，就像一座拱桥。猎豹跑得太快了，它们跑起来像一辆飞驰的摩托。速度就是猎豹生存下去的法宝，它们靠奔跑来捕食同样擅跑的羚羊。

猎豹是草原上跑得最快的动物。但是猎豹有一个习惯，它们在奔跑一段距离后，就会停下来。这是因为在激烈地奔跑之后，猎豹的肌肉就会迅速发烫，必须停下来休息，才能使它们的身体恢复到正常的温度。所以常常有这样的情况：在追逐猎物时，如果追出一段距离后还没追到的话，它们就会放弃了。

为什么猎豹跑得那么快呢？首先，它在快速奔跑时，四肢伸展开来，整个身躯几乎连成一条线，这样可以大大减少空气的阻碍力量；第二，猎豹的四条腿很有力量，它的尾巴又粗又壮，可以用来保持平衡；第三，猎豹有一个特大的肺，可以帮助它在奔跑中呼吸。这些有利的条件让猎

豹成了动物界的“短跑冠军”。

猎豹捕食羚羊

猎豹脚上的肉垫不发达，不能像猫那样把爪子藏起来，所以，它的爪子很容易在奔跑中磨损，不能当作武器使用。但是猎豹的爪子却像短跑运动员穿的钉鞋一样，可以提高它的奔跑速度。

在非洲草原上，猎豹最喜欢捕食羚羊，在较短的距离内，羚羊跑得很快，但猎豹比它更快。猎豹很聪明，当它发现一群正在吃草的羚羊时，会装出一副毫不在意的样子在旁边徘徊，但实际上它已经瞄准了远离集体的那一只，准备随时出击。

有时，当猎豹发现捕食对象时也会采取压低身体，贴近地面的方法，匍匐着朝猎物靠近。当靠得足够近时，猎豹就以惊人的爆发力向猎物发起攻击，将猎物扑倒在地，而后用力咬住猎物的喉咙，使它们窒息而死。

猎豹从来都只吃新鲜的东西，不吃其他动物剩下的食物，即使是它自己捕到的猎物，一次吃不完剩下的它也不会要了。这样说来，它倒像个讲究的“绅士”，不过，要吃新鲜的东西，它需要捕猎的次数也就比别的动物多了。

它们善于跳跃、爬树，昼伏夜行，行动谨慎。狮子、老虎捕食时，总是先埋伏好，等猎物走近才攻击。猎豹却主动出击，快如闪电。大型食草动物可能“虎口众生”“狮口脱险”，但一旦被猎豹盯住，几乎无生还的可能。

此外，在中国还分布有金钱豹、云豹和雪豹。金钱豹俗称豹子，由于身上中间是黄色的黑环，形如古代钱币而得名。身长 1.2 ~ 1.5 米，体重 50 ~ 75 千克有三个亚种。东北豹比东北虎还少，野生的不足 100 只，已被国际自然资源保护同盟定为一级濒危动物。华北豹为中国特有。还有栖息南方的华南虎，分布较广，数量也多。云豹个头最小，体重 15 ~ 30 千克，毛色焦黄带灰，身上黑纹如云块，栖息于中国南方和东南亚热带、亚热带丛林中。雪豹略小于金钱豹，毛厚实、细软、尾巴粗大、蓬松、浑身雪白或灰白色，有不规则的黑斑和环形纹，很像植物叶子，故又称叶豹。雪豹习惯于生活在 2 500 ~ 5 000 米高山严寒地区，主要产于西藏、青海、新疆、甘肃、内蒙古、四川等省区。

保护豹子

中国原来豹子数量很多，也曾伤害牲畜，被视为害类。随着数量骤减，1981 年和 1983 年，所有豹种从国家三级保护动物逐渐升格为二级、一级保护动物。

狮子

狮子被称为“草原霸主”，它们全身长着黄褐色的短毛，尾端上的毛为黑色，脖颈上是金黄色或棕色的鬃毛，显得特别威风。狮子生活在非洲的草原上，除了大象，几乎没有什么动物是强大的狮子的对手，但是狮子却喜欢成群地生活。这样一来，它们合力围捕猎物就显得更加轻松了。

狮子的尾巴又粗又长，跑步时用来平衡身体。它们的长跑能力较弱，短跑时的爆发力却很强。它们的前脚非常有力，在打架时，既可攻击对方又可抬起来抵抗。别看狮子的长相很威武，其实它们生来就很懒惰，它们一天中的绝大部分时间都是在休息或睡觉。狮子习惯在晚上出去捕捉猎物，而且常常都是在饿得受不了的时候才会出去。

狮群是典型的母系社会体制。在一个狮群里所有的雌性狮子都是亲戚，或是姐妹，或是母子关系，它们共同养育后代。雄狮子在狮群中只不过是一个匆匆过客。在狮子

狮子通常捕食比较大的猎物，例如野牛、羚羊、斑马，甚至年幼的河马、大象、长颈鹿等，当然小型哺乳动物、鸟类等等也不会放过。

母狮子和它的宝宝

的领地中，雌狮子必须防范其他雌狮子进入自己的家园，因为这个家园的猎物属于它们自己；雄狮子也必须防范其他雄狮子进入家园，因为，其他雄狮的到来是为了取代它的地位。一旦新来的雄狮在决斗中获胜，它会杀死狮群中的幼狮，让雌狮为自己生育后代。

在狮群中，雌狮子主要承担打猎的任务。它们有时可以杀死比自己大得多的猎物，如斑马和非洲的野羚。雌狮子狠狠咬住猎物的喉部，任凭猎物怎样挣扎都不会松口，直到猎物奄奄一息。

但是单个狮子捕食的成功率并不高，大约是 10%，这是因为狮子奔跑时要消耗大量体力，因而耐力不行。当它追赶猎物 100 米后还没得手，它就选择放弃。如果几个狮子合伙捕猎，成功率就会高些，约为 20%。狮子捕食猎物很聪明，它们懂得“分工合作”。出外捕猎时，狮子总是集体行动，先由雄狮靠近猎物，突然发出巨大的吼声，把猎物吓得仓皇逃窜，紧接着雌狮就从埋伏的地方冲出来把逃跑中的猎物扑倒捉住。

雌狮子每年产崽一次，一胎可产五崽。刚出生的小狮子的体重只是雌狮子体重的一小部分。狮子妈妈会给小狮子吃母乳。小狮子 3 个月大就可以吃肉了，但它们仍吃妈妈的乳汁，一直到 6 个月大。

小狮子在狮群当中不但会受到它们母亲的疼爱和保护，有时它们也同样会受到其他雌狮子的照顾。如果有一只小狮子饿了，它妈妈又不在的话，这个小家伙会跑到别的雌狮子那儿去要求吃奶，一般情况下，雌狮阿姨都不会拒绝。如果它们不同意，也只是抬抬脚、摇摇尾巴，礼貌地让它离开。

和家猫一样，雌狮叼住幼狮的后颈带它们走。这样并不会伤害幼狮。虽然一次只能叼走一只，但狮妈妈会很快把它的宝贝全部带到安全的地方。在幼狮面前，雄狮偶尔也会放下“家长”的架子，流露出对幼仔的关怀。

等级森严的家庭

狮群中等级分明，雌狮与幼狮必须懂得尊卑，只有一家之长的雄狮吃饱后，它们才可分食剩下的食物。

大象

大象是陆地上最大的动物，也是力大无穷的“大力士”。它们能够帮助人类干活，比如说搬运木头，大象的长鼻子一伸，就能卷起一根好粗好重的木头。对大象来说，它们的长鼻子就像人类的双手一样管用，它们干什么都离不开它，洗澡、摘果子、卷东西、对付敌人……

大象有两种，一种是非洲象，一种是亚洲象。它们都长着长长的鼻子和尖尖的门牙。大象的门牙，就是非常出名的象牙，有些人就是为了获取象牙而捕杀可怜的大象。象的长鼻子可以说神通广大，不仅能呼吸，有灵敏的嗅觉功能，还能拔起大树、搬运重物，拣起小小的一根针。它的鼻子甩来甩去，驱赶蚊蝇，探索道路；还吸水注入口中解渴，炎热时吸水浇身，来个舒适的淋浴。象食量很大，树叶、树皮、水果、野菜是主要食谱，一次可以吃掉200～300千克食物。

象是群居性动物，以家族为单位，由雌象做首领，每天活动的时间，行动路线，觅食地点，栖息场所等均听雌象指挥。

大象生活在陆地上，却十分喜欢水，只要遇上有水的地方，它们就会跳进去玩上好一阵儿。除了喝水解渴外，它们还会用鼻子吸满水，然后喷到背上“洗淋浴”；有时候它们干脆整个身体浸在水中，这样既能把身上的污泥清洗干净，又能赶走寄生在身上的虫子，还驱散了身上的热气。这

亚洲象洗澡

就是大象爱水的“卫生习惯”。

久未见面的大象朋友，一碰见会彼此摩擦身体表示亲热，如果关系再亲密一点的话，它们会把鼻子放进对方嘴里，就好像人类的亲吻一样。如果是公象和母象正在谈恋爱，它们还会采用相互卷住鼻子的方法表示爱意。

大象的家庭一般都是由几代母象及小象组成。不管象群走到哪儿，母象都会带着小象；不管象群遇到多么强大的敌人，母象也绝不会扔下小象自己逃命。母象经常用鼻子轻轻抚摸小象的背，看上去非常亲切。

非洲象喜欢过群居生活，小群 20 ~ 40 头，大群多达 100 ~ 200 头，首领是一头身强力壮的雌象，行进时在前面开路，雄象在后边压阵。老象和幼象总能受到照顾，它们不会放弃生病、受伤的同伴。亚洲象性情温和，聪明好学。经过训练，不但会搬运货物，表演各种各样的节目，如跳舞、摇铃、吹口琴等，还会像保姆一样照看孩子。大象平均寿命 60 ~ 70 岁，有的还超过了 100 岁，是哺乳动物中的长寿冠军。

亚洲象是非洲象的“亲戚”，亚洲象体型稍微小一点，只有雄象才长有象牙，而非洲象是各种象中体型最大的，它们无论雌雄都长有象牙。亚洲象和非洲象还有一个很大的区别：亚洲象的额头有两个隆起来的部分，非洲象的额头则是扁扁平平的。

非洲象高大，身高 3 ~ 3.5 米，最高 4 米，重量 5 000 千克，最重可达 9 000 千克以上。耳朵大，皮肤较黑，脊背中间凹陷，鼻中有两个突起。而且雌雄象都有粗长的象牙。亚洲象体型稍小，身高 2.5 ~ 3 米，最高可达 3.2 米，重 3500 ~ 4 000 千克。耳朵较小，皮肤色泽较浅，脊背平直，鼻尖只有一个突起。雌象无象牙，雄象象牙细短而轻。

大象墓地

在野外，从未有人发现过自然死亡的野象尸体。有人认为象在临死之前，会有所感应，它会孤独的离开象群，走向它们象族的神秘墓地。而有人则认为，象群里其他象会把死去的同伴掩埋，所以人们很少看到野象尸体暴露荒野。

长颈鹿

提到长颈鹿，人们立即就会想到它长长的脖子。其实，它们的长脖子是在长久以来的进化中形成的。在很久以前，它们祖先生活的地方，地面上的树叶、青草都很少，那时的长颈鹿要想吃到新鲜的嫩叶，只有拼命地伸长脖子踮起脚，去吃高树上的树叶。经过漫长的年代，它们的头颈就越来越长，而其中那些头颈较短的同伴，渐渐就被淘汰掉了。所以，长颈鹿这个种群就成了今天这个模样。

现在，长颈鹿是世界上最高的动物，它们的四条腿很长，站在宽阔的大草原上，好像一个高高的岗哨。成年长颈鹿体重1吨多，身高5～6米，光脖子就有2米长，和其他哺乳动物一样，有7个颈椎，不过每一块都特别长。长颈鹿血压高达350毫米汞柱，它的脑动脉分布大量的小血管；血液从众多的小血管流向高高在上的脑部，所以平安无事。

长得高自然有好处，只要脖子一伸，就能吃到水分充足的嫩叶了。它们的舌头可以伸出20多厘米，用坚韧的上

长颈鹿生活在稀树草原和森林边缘地带。是现存最高的动物。有时和斑马、鸵鸟、羚羊混群。嗅觉、听觉敏锐，性机警、胆怯，平时走路悠闲，但奔跑迅速(时速可达56千米)。晨昏觅食，主要吃各种树叶，耐渴。

唇拖住树枝、树叶，然后用舌头飞快地卷入口中。平常最爱吃阿拉伯橡胶树、金合欢、刺槐等树的叶和嫩枝。一天大约要吃掉45千克食物。

长颈鹿身上布满了棕黄色的斑块，而且斑块之间的皮肤相互交织形成网状，看上去非常美丽。它们长长的脖子加上大而突出的眼睛，很适合远眺、寻找食物、发现危险。它们有4条细长的腿，走起路来慢条斯理、优雅大方。它的步伐很独特，常常是左前腿、左后腿和右前腿、右后腿交替前进，显得很庄重，很优雅。

由于腿部过长，长颈鹿饮水时十分不便。它们要叉开前腿或跪在地上才能喝到水，而且在喝水时十分容易受到其他动物的攻击，所以群居的长颈鹿往往不会一起喝水。

不过，这样的身高却让喝水成了长颈鹿最为难的事情。因为它们的腿太长了，而同样细长的头颈又不能完全弯曲，所以它们只能用足力气，尽量叉开两条前腿，才能勉强低下头喝几口水。喝完水，想要收拢两腿重新站直，这又是一件很困难的事。既然低头喝水这么不方便，长颈鹿就尽量少喝水，而经常去吃一些含有大量水分的嫩叶来补充喝水的不足。

同时，也正是因为长颈鹿妈妈的个头实在太高了，而且它们是站着把小宝宝生出来的。长颈鹿宝宝要来到这个世界上，就必须经历一个很严峻的考验，那就是从高高的地方被摔落下来。尽管这些小宝宝的身高比我们成年人的个头都高，但是它们刚生下来还不会站立，如果被摔下来，结果很可能就是摔伤甚至摔死。

长颈鹿胆小善良，与世无争，喜欢群居，遇到敌害立即飞奔而去，时速可达50～60千米。不得已时也会用头撞、用脚踢，有人观察一只长颈鹿踢死过一头雄狮。

长颈鹿的分类

长颈鹿的眼后和耳后还各有一对小角，雄长颈鹿额中央还有第七只角，是性别的标志。全身布满大块耀眼的斑纹，有的整齐，有的零乱，也有呈星状，表示它们属于不同的亚种。

大熊猫

一对八字形的黑眼圈，犹如戴着一副墨镜，惹人喜爱，身体肥胖，皮毛黑白分明，行动很慢，特别喜欢吃竹叶、竹笋，这就是“国宝”大熊猫。大熊猫是一种古老的动物，也是中国所特有的珍贵动物，人称“活化石”。

从已经发现的化石中可以看出，大约 200 多万年前第四纪更新纪初期，它们曾广泛分布于中国南方各地。后来由于冰川期的来临，气候越来越冷，许多植物被冻死。当时许多大型动物，如剑齿虎、剑齿象、猛犸象、巨貘等因缺乏食物，不能适应环境变化而灭绝。大熊猫退缩到高山深谷才得以生存、繁衍下来。目前仅分布于四川、陕南、甘南少数地区，总面积不足 3 万平方千米，栖息于海拔 1 500 ~ 3 500 米的高山密林中。

大熊猫的祖先原来是食肉动物，可能是因为动作太迟钝了，捕不到猎物，所以就改吃竹叶、竹笋了。它们的听觉、视觉都很差，嗅觉稍微好些。熊猫的性格很温和，从来不主动去进攻其他动物。熊猫平常动作迟钝，但是一遇到像是猎豹这样的天敌，它就会立即爬到树上去。熊猫爬树的技巧可称一绝，可以一下子爬到大树的顶端。

现在的大熊猫以竹叶和竹笋为主食，有时也吃玉米秆、小麦、甘蔗、豆类等植物。不得已时也吃竹鼠、小鹿等。强壮的颚骨和牙齿是大熊猫咀嚼竹子的必备工具。

大熊猫和它的熊猫宝宝

作为中国的“国宝”，它曾作为友好使者，“出使”许多国家，不管到了哪里都享受明星级待遇，深受各国人民特别是小朋友的宠爱。世界野生动物基金会就是以它的形象作为标志，会徽和会旗都是大熊猫的图案。

许多人担心熊猫会灭绝，这不是杞人忧天。由于人类的活动，大熊猫栖息地零星分散，互相独立。它们寻求配偶的机会很少，繁殖又不易。熊猫妈妈一次只能生下一个熊猫宝宝。熊猫宝宝生下来只有10厘米长，重100克，六七个月后才能艰难行走，四五年后才能脱离母亲独立生活，成活率极低。刚生过宝宝的母熊猫无论到哪儿，总会把自己的孩子带上，一分钟也不离开。等年幼的熊猫稍微长大一点，熊猫妈妈就把它驮在背上，教它各种本领。

同时食物单一也常带来威胁，1975年到1976年冬，川西北、甘南竹子因开花而死亡，竟饿死大熊猫138只。据估计，目前野生大熊猫不到1 000只。建立大熊猫自然保护区，解决其栖息地分割状态，提高繁殖率，降低死亡率，已成为当务之急。2002年3月12日，世界自然基金会和陕西林业厅签署一项协议。在秦岭四个相互隔离的大熊猫栖息地，建立四条“婚姻走廊”。投资115万元，建立野生大熊猫的生活乐园。

小熊猫

与大熊猫不同，小熊猫是另外一种珍贵的动物，它和大熊猫一点儿也不像。小熊猫的外形和动作都很像猫，它喜欢坐在地上舔脚掌，喜欢用脚掌来擦脸擦嘴。小熊猫全身是棕红色的毛，尾巴又粗又长，上面还有九个黄白色相间的环纹，所以它又叫“九节狼”。

袋鼠

在澳大利亚的大草原上，经常可以看到活蹦乱跳的袋鼠。光是听到它的名字，就可以想见它的特点。袋鼠的肚子前面长着一个毛茸茸的“口袋”，那是小袋鼠的“卧室”。小袋鼠刚生下来时，身体很小，它会挣扎着在妈妈身体上摸索，然后爬进妈妈温暖的“口袋”里，在里面吃奶、睡觉、成长。但并不是所有的袋鼠都长有“口袋”，袋鼠爸爸不会生孩子，所以它们就没有那个奇特的“育儿袋”。

袋鼠前脚趾有五根，用来挖土；后脚趾有三根，但却有四个趾甲，那多出来的第四个趾甲是用来抓痒的。又粗又长的尾巴，在跳跃时可以帮助它们维持身体平衡，在站立时可以撑着身体，就像第三只脚。袋鼠前面的腿又短又小，后面的腿却非常粗壮有力，它们前进完全是靠后腿来跳跃的。它们只会跳，不会跑，但是它们跳跃的速度很快，甚至能赶上一辆开着的汽车。所以，袋鼠可以说是最善跳跃的动物。

它们长长的后腿由长度几乎相等的三部分组成——股骨、胫骨和足。袋鼠的下肢的组合就像一个“S”形的“弹簧”。当袋鼠跳跃的时候，足蹬地，将下肢整体拉长，强有力的肌肉牵拉骨头的组合产生跳跃运动。

袋鼠非常聪明，碰到强大的对手，它们会用最快的速度逃跑。如果对手追得太紧，它们难以脱身时，袋鼠往往会猛然一个转

袋鼠前脚趾有五根，用来挖土；后脚趾有三根，但却有四个趾甲，那多出来的第四个趾甲是用来抓痒的

身，绕过敌人朝反方向逃跑。这种方法常常让追它们的对手反应不过来。

别看袋鼠平时温顺而活泼，但如果遇到敌人，它也会作出有力的反击。袋鼠的“招数”是：高高跳起，用强壮有力的后腿猛踢敌人，有时还会用粗大的尾巴横扫敌人。如果还不行的话，它们会使出前肢的“拳击功夫”来帮忙，逼急了的话，袋鼠还会用嘴咬敌人呢！

不过有的时候，会看到袋鼠伸出前肢来拍打对方的脸和脖子的情形。这种打来打去的情形，看上去很像拳击手在比赛，其实，这只是袋鼠游戏和玩耍的行为。

袋鼠喜欢白天休息，黄昏活动。袋鼠遇到夜行的车辆，会把闪亮的车灯当作来犯的敌人，它们会从草丛中一拥而上，跳跃到公路，与汽车拼死相撞，小汽车如不注意往往被它们撞翻。因此，在澳大利亚，许多汽车前端都安装了排障器。

袋鼠育儿袋中的宝宝

袋鼠的生产很有意思，只要看到雌鼠开始清理自己的袋子，小心翼翼地将袋中杂物掏干净，这就是即将“临产”的信号。初生的小袋鼠只有花生豆那么大。它没有毛，而且什么也看不见。它们一生下来就爬进雌袋鼠的育儿袋里，然后选中一个乳头吸吮乳汁。到育儿袋中已没有足够的空间容纳它时，它才离开育儿袋。

在所有长“袋子”的动物当中，个头最大的要数红袋鼠。一只成年的红袋鼠站起来足有 2 米高，从鼻尖到伸直的尾部，总长度将近 3 米，体重约 90 千克，跳跃速度每小时可达 74 千米。塔玛是生活在澳大利亚干燥地区的一种小袋鼠，为了适应生存环境，它具有一种特殊的本领：饮海水解渴。

形象代言人

袋鼠是澳大利亚的象征和国宝，其形象被绘入澳大利亚的国徽。原因大概有三：其一，袋鼠是最古老的史前动物，世上独有；其二，袋鼠乃是澳大利亚最高大的动物，无以匹敌；其三，袋鼠“温文尔雅”，平和善良。

考拉

考拉一般是白天睡觉，到晚上才出来觅食。

考拉是澳洲特有的一种动物，它小巧的体型十分肥壮，身上的毛又软又厚，头又圆又大，光秃秃的大鼻子非常突出，从外形上看，考拉简直就是一只逗人喜爱的“玩具熊”。许多人都知道考拉，它几乎与中国的大熊猫一样有名气。

它们的外形长得和熊很像，也有另一个名字叫做树袋熊，可它们跟熊并没有亲缘关系，而跟袋鼠是“亲戚”。因为它们两个身上都有一个“育儿袋”，只是考拉的袋子口是朝后开的。同袋鼠一样，考拉宝宝一生下来就会钻到妈妈的“口袋”里去吃奶。半岁的时候，幼小的考拉偶尔会从里面出来活动，等它们长到一岁的时候，就不在袋里呆了，它们会趴在自己妈妈的背上，让妈妈背着四处活动。

考拉的眼睛和鼻子都很大，身披浓密的灰褐色或银灰色绒毛，厚密柔软，这样它们就可以很舒适地坐在树上而不致被枝桠弄痛了。考拉没有尾巴，它们的鼻子像一块灰

黑色的厚橡皮紧紧贴在脸中央，看上去非常有趣。考拉的前足的食指与中指、无名指和小指分得很开，这个非常有利于它握紧树枝。

考拉非常懒惰，喜欢大白天在树上呼呼大睡。

它们性情温顺、憨厚可爱，似乎总是面带笑容。很多人都以为考拉不会叫，因为几乎没有谁听到过它的叫声。为此，科学家进行了专门的研究。他们发现，考拉是一种非常胆小的动物，一遇到声响就大惊小怪，东张西望，有危险时，它们还会发出一种奇怪的叫声，这种声音既像牛叫，又像猫叫。

考拉生活在澳大利亚东部的桉树林中，靠吃桉树叶维持生命。它们的爪子尖利，善于爬树，白天把身体缩成一团在树上睡大觉，夜间沿着树干爬上爬下，寻找桉树叶子吃。树袋熊可以说是最挑食的动物了，只吃几种桉树的叶子。一只考拉一天能吃掉500克桉树叶，它们从这大量的桉树叶中获取了水分，所以它们几乎不需要喝水就能活下去。桉树油有杀虫作用，因此它们的肚子里没有寄生虫。也许正是桉树叶吃得太多的缘故，考拉浑身都散发着桉树叶的气味儿。尽管考拉每天吃大量的桉树叶，但它还是不能从里面获取足够的能量，为了防止能量消耗，考拉只好把一天当中的绝大部分时间都花在静止不动的睡眠上。

每年11月至次年2月，考拉们就要开始繁殖。雌性怀孕23 ~ 30天后，小考拉就会出生。它们通常都是每次只生一只小考拉，双胞胎极少。刚出生的考拉幼仔只有2 ~ 2.5厘米长，重5.5克，在妈妈的育儿袋里吮吸乳汁。8 ~ 9个月后离开育儿袋，趴在妈妈背上，由妈妈带着到处游玩。如果不听话，妈妈还会轻轻地打它的屁股。

近些年，随着人类活动范围的增大，考拉的居住地受到了人类的破坏，有些人为了获取考拉细软厚实的皮毛而大量捕杀考拉，加上一些流行病的传播，考拉已经濒临灭绝了。幸好人们意识到了这一点，所以现在那些存活下来的考拉已经受到了严格的保护。

考拉的盲肠

很多动物都有盲肠，然而考拉的盲肠却有2米长。盲肠中有数以百万计的微生物，可以帮助考拉把食物中的纤维分解成能够吸收的营养。

猩猩家族

猩猩和大猩猩、黑猩猩、长臂猿统称类人猿，它们具有和人类最为接近的体质特征。猩猩用长臂从一根树枝摆到另一根树枝上去。与其他类人猿不同的是，它平时多为独居，即便有群体活动，也只是由一只雄猿和携子而来的两三只雌猿组成。

在美国早期电影里，曾把大猩猩称为大力金刚，被描绘成性情凶猛、残忍的怪物。后来科学家深入考察后发现，它们虽然模样吓人，却温柔、胆小。大声吼叫，捶打胸膛，又蹦又跳，那只是做出姿态，吓唬对方。只有在遭到攻击，面临危险时，它才凶狠地搏斗以保护自己和幼崽儿。美国一只叫“库库”的 13 岁雌性大猩猩在帕特森博士诱导下，会用 500 多种手势表示特定意思，并能识别 500 多个哑语。它爱听博士给它讲的“三个小猫咪”的故事，还和小猫建立了亲密的友谊。

◤ 猩猩一天中大部分时间用于觅食

大猩猩生活在非洲热带雨林里，是灵长类最大的动物。雄性大猩猩站立时可达 1.88 米，体重超过 270 千克。人工饲养的大猩猩最高近 2 米，体重 304 千克。它头大肩宽，两臂粗长，展开可达 3 米以上。大猩猩眉脊高，凹眼窝，鼻子大而扁平，嘴巴宽大而前凸。力大无穷，号称非洲“森林之王”的狮子见了它也会退避三舍。

在奥地利维也纳动物园里，一只名叫“依尼娅”的雌性猩猩佳作迭出。它的 4 幅画曾在著名的 CA 画廊展出，还有 22 幅高价出售，画风颇似抽象派风格。许多国家新闻媒体争相报道，它成了名扬全球的“大明星”。美国密歇根州一个农庄主教会一只 11 岁的猩猩“赛

多”开拖拉机，成了熟练的拖拉机手。

猩猩是灵长类猩猩科猩猩属的惟一种，生活在亚洲苏门答腊、加里曼丹热带雨林中。身披红褐色长毛，前额和吻部突出，小眼睛、小鼻子、小耳朵，但嘴巴很大，犬齿发达。身高、体重介于大猩猩和黑猩猩之间，雄性身高 1.6 米，体重 70 ~ 80 千克；雌性体重 40 ~ 45 千克。身体矮胖，臂长腿短，走起路来左右手摇摆，蹒跚而行。它力气很大，敢和鳄鱼、大蟒搏斗，除了老虎外，它们在当地没有什么天敌。不过，老虎轻易也不惹它们。

黑猩猩栖息于热带雨林，集群生活，食量很大，吃水果、树叶、根、茎、花、种子和树皮，有些个体经常吃昆虫、鸟蛋或捕捉小羚羊、小狒狒和猴子，雄性获得的猎物允许群内成员共享。

猩猩性情较孤僻，社会性比黑猩猩、大猩猩差，绝大数时间单独活动。主要生活在树上，很少下地。它们的窝一般离地 8 ~ 12 米，最高可达 20 米。上有顶，下有底，可以挡风遮雨。猩猩吃果实、鸟蛋、蔬菜和植物嫩枝叶。食物不足时，也吃树皮、昆虫。猩猩是人类的近亲，由于人类对它们栖息环境的严重破坏，已经到了濒临灭绝的境地。

黑猩猩生活在非洲赤道雨林，个头比大猩猩和猩猩小。除了脸部外，全身披着黑毛，头比较圆，眉骨高，眼窝深，小鼻子，嘴唇又长又薄，还有一对惹人喜欢的招风耳。臂比腿长，起立时可垂到膝盖以下。黑猩猩过着小群的“家庭”生活，全体成员和睦相处，作为“家长”的雄猩猩负责群体安全。它们除了吃植物、昆虫、小鸟、蜥蜴外，还常常联手围猎羚羊、野猪等较大的动物，有时也成群结队盗食当地居民的香蕉、瓜果等。

黑猩猩的模仿、学习能力很强。有的经过训练，学会了演奏乐器。前苏联有一支由 10 只黑猩猩组成的乐队，能用提琴、吉他、钢管、锣、鼓演奏一些爵士乐，是世界上独一无二的动物乐队。

黑猩猩与人

黑猩猩是最接近人类的动物。人与黑猩猩的 DNA 分子结构差异为 1.9%，人与大猩猩的差异是 2.1%，而黑猩猩与大猩猩的差异却是 2.4%。也就是说，黑猩猩和人类之间的亲缘关系，竟然比黑猩猩和大猩猩的亲缘关系还要近。

狒狒

狒狒是猴类中体型最大的种类之一。有一种山都狒狒体长超过 1 米，重达 40 余千克。狒狒的头很大，鼻子突出，面部特征很像狗，脸上光滑无毛。尾巴和耳朵都生得很小，但身体和四肢却很粗壮。它们的耳朵上生有短毛，毛色为黄、黄褐或褐色，力气很大而且勇猛。狒狒口中的獠牙是权力的象征，越大则地位越高。另外，獠牙也是威慑敌人的有力武器。遇到敌人时，它们首先会龇出长长的獠牙恐吓对手。

它们过着群体生活，每个群体少则十几只、几十只，多则两三百只，包括若干个相当稳定的“家庭”，群体由健壮的雄狒狒率领。它们都在地面活动，晚上也不上树隐蔽，而是聚集起来在峭壁或悬崖上过夜。

狒狒主要分布在非洲和亚洲阿拉伯半岛。主要在地面

狒狒大迁移

活动，晚上在大树上或岩洞中休息。主要食物是各种植物，也吃蚂蚁、昆虫、小鸟、野兔等。有时成群闯入果园、农田、盗食瓜果、谷物。每当狒狒们吃饱喝足之后，狒狒王便喜欢神情“高傲”地坐在山坡上休息，俯视着自己的“臣民”，还不时地张开大嘴，露出它那大得吓人的獠牙，显示自己的威风。在狒狒群中，一般成员是绝对不允许碰首领宝座的。

狒狒

别看狒狒们生活在野外，但它们确实是一种很高等的动物，在它们的群体中有着严格的“等级社会制度”。也就是说，狒狒们在自己的群体中有着各自的地位、权利和职能。作为首领的狒狒，就能优先享有食物和配偶。而首领的位置，也只有等老一代首领死后，才能有新人来接替。这个争夺首领位置的战争也是很残酷的，有能力的狒狒会因为首领地位而打得头破血流。

狒狒不能快速奔跑，在危难时刻，富有战斗力的首领就会毫不犹豫地挺身而出，去对抗捕食者，保护群体的安全。即便在撤退途中，队伍的秩序也会有条不紊，雄狒狒总是在最外层保护着雌狒狒与幼狒狒的安全。一旦遇到狮、豹等敌害，许多年轻力壮的雄狒狒敢于英勇搏斗，周围的狒狒则一起大声吼叫，并向敌害投掷石块。它们还会同斑马、羚羊结成联盟，共同对敌。非洲一些地区的农民训练狒狒看管羊群，它们认真负责、忠于职守不亚于牧羊犬。

狒狒妈妈是最爱给孩子搞卫生的，它常用爪子帮小狒狒把藏在毛发中间的脏东西挑出来。年幼的狒狒长大后，即使已独立生活，也仍会与“家人”保持密切来往。狒狒的智力仅次于人猿，会使用工具，也有合作精神。一只狒狒想吃笼子外的食物，但够不着，它会拿钩子把食物钩过来享用。狒狒群中还有“托儿所”，狒狒妈妈出外觅食时就把孩子交给老狒狒统一看管。

狒狒的栖息地

狒狒大都栖息于热带雨林、稀树草原、半荒漠草原和高原山地。不过，它们更喜欢在较开阔的低山丘陵、平原或峡谷峭壁中生活。

空中的动物

鸟类大家族

如果某种动物身上长着羽毛，并且它的后代是从蛋中孵化出来的，那么，这种动物就属于鸟类。所有的鸟儿都有翅膀，绝大多数鸟都会飞。

鸟的身体跟一架飞行器差不多，它们的骨头很轻，胸膛里有气囊，翅膀强劲有力，张开时能增加升力，所以它们能在天上飞而不会掉下来。虽然各种鸟的身体大小不同，但大体形状都呈流线型，加上骨骼比较轻盈，所以方便飞行。它们身体比较重的部分，比如翅膀和腿，都紧密地长在胸腔和脊椎骨四周，因此比较容易保持平衡。

按照它们所吃食物的不同，鸟类分为食种子的鸟、食肉的鸟和杂食性的鸟。

鹦鹉可以模仿人说话

因为能模仿人说话而深受人们喜爱的鹦鹉，就是一种食种子的鸟。它们的羽毛色彩鲜艳，大多吃水果、种子和花蜜。鸽子吃植物的种子，是一种温顺的鸟,它被比喻作和平,是和平的使者。这类鸟儿的食物是草和其他植物的种子，它们有着粗短的圆锥形的喙。食种子的鸟有很多，雀类是最典型的。麻雀是人们最常见的鸟类之一，它主要以植物的种子和嫩叶为食。短小而有力的喙能啄开种子坚硬的外壳。织布鸟的体形和麻雀差不多，它们中的大多数以种子，尤其是草籽为食物，但也有吃虫子的。

有的鸟儿是靠吃其他动物为生的，它们就是“食肉的鸟”。老鹰、大雕这样比较凶猛的鸟喜欢吃兔子、蛇等比较大的动物，而火烈鸟只需要吃些小鱼虾就可以满足它的胃了。一般来说，食肉的鸟的喙都有弯钩，脚趾和爪都非常锐利；专吃虫子的鸟，它的喙边有须，脚不仅短而且无力。

乌鸦全身或大部分羽毛为乌黑色。多在树上营巢。常成群结队且飞且鸣，声音沙哑。杂食谷类、昆虫等，功大于过，属于益鸟。

有时候，人们会观察到鸟儿会啄食小石子。这是因为鸟儿没有牙齿，不能咀嚼食物，它们只能啄食小石子，贮存在身体和砂囊中，帮助它们磨碎和消化食物。猫头鹰是个捕鼠高手，它每年至少要消灭 1 千只以上的田鼠。除此之外，野兔和蛇也是猫头鹰的食物。猫头鹰也没有牙齿，它只能把食物整个吞下，不能消化的皮毛和骨头，会被它成团地吐出来。

还有不少鸟是不挑食的，荤的、素的，吃得非常杂。它们不停地搜寻各种食物，就算是其他鸟类放弃的食物，也绝不会错过。

乌鸦是这样一种杂食性的鸟，昆虫、小鸟、蠕虫、植物的种子等都是它们的食物。它们还会吃各种动物的尸体，尤其擅长寻找在公路上被撞死的动物。鸵鸟吃的东西也是很多很杂，它能吃青草、嫩枝、种子、小虫、小鸟，甚至蛇、蛙等，尤其喜欢吃亮晶晶的东西，因此，常常因为不小心错吃了水晶而丧命。绿头鸭，就是人们常说的野鸭。它们大多栖息在水草茂盛的湖泊、池沼里，以植物、昆虫、软体动物、粮食等为食。也是一种杂食性的鸟类。

此外，鸟儿还有一个共同的特点就是，所有的鸟类都要产蛋。绝大多数鸟蛋都是椭圆形的，并且蛋的一头又胖又大，一头又尖又小，这样的蛋占的地方小，便于在巢中孵化。小鸟们会啄破蛋壳，从里面钻出来。鸟蛋包括小鸟的胚胎、蛋黄、蛋清。蛋黄和蛋清都是胚胎生长所需的食物，蛋清还有保护作用，一旦鸟蛋被弄破，蛋清可以保护里面的小鸟胚胎免受伤害。

观赏鸟

鸟儿当中有观赏价值的不在少数，有的因为鸣叫的声音，有的因为美丽的外形，有的因为擅长争斗的个性，有的因为独特的模仿技艺而深受人们的喜爱。

企鹅

在气候寒冷的南极，生活着一群精灵。它们身上穿着黑色的“燕尾服”，挺着雪白的大肚子，走起路来摇摇摆摆的，笨笨的，样子很可爱。因为它们站立的时候，总是昂着头做出一副企望的样子，所以它们被称作企鹅。

企鹅经常用尾巴撑地，帮助两只又扁又短的脚站稳身体。它们背上的羽毛是黑色的，胸前的羽毛是白色的，看起来很像一位有风度的“绅士”。它们可以在水里游泳，这全靠脚趾间长着像鹅一样的蹼，划起水来非常有力。

它们生活的南极，是世界上最冷的地方。这里气候恶劣，滴水成冰，令许多动物望而生畏。但是企鹅却是惟一一种能在南极过冬的动物。它们之所以不怕寒冷，是因为企鹅身上穿有两层厚厚的“棉衣”，一层是密密的羽毛，另一层是皮下肥厚的脂肪，有了这两层“棉衣”，企鹅就可以在冰天雪地里自由活动了。

别看企鹅走起路来摇摇摆摆，速度很慢，可一旦遇上危险，它们逃跑的速度也很快。肚皮贴地，用脚和鳍推撑地面，在冰雪上滑行，时速可达 30 千米。企鹅擅长游泳和潜水，速度可以达到每小时 36 千米。企鹅以鱼、虾、乌贼、

甲壳动物为食。喜欢扎堆聚群，好奇心强。当科学考察队来临时，就成群结队迎接客人。

全世界一共有18种企鹅，皇帝企鹅是其中最大的一种，它直立时的个头相当于一个四五岁的儿童的身高。别看它们体型庞大，但它们却是冰下游泳的健将。阿德里企鹅和黄帝企鹅数量最多。

企鹅捉鱼

每年的五六月份繁殖季节来临，企鹅夫妻开始筑巢，丈夫负责寻找小圆石。由于企鹅太多，小圆石供不应求，一些企鹅就偷邻居的，一旦被发现就会厮打起来。这样，你偷我，我偷他，乱作一团，甚至大打出手。等大家都筋疲力尽了，才渐渐安静下来。雌企鹅一般只生一两个蛋，因体能消耗太大，就游向大海觅食，孵蛋的任务就交给雄企鹅。企鹅爸爸并拢双脚，用嘴把蛋推到温暖的脚背上，再用肚子上的毛把它盖住。企鹅爸爸就这样抱着蛋，几十天不吃不喝，直到企鹅妈妈从外边吃饱了回来，接着孵化小企鹅。这样轮流孵蛋，短则30～40天，长则60～70天。

企鹅的天敌

在陆地上，大贼鸥和南极大鹱是企鹅的天敌。没人保护的企鹅宝宝就会遭到它们的残害。在大海中，海狮、海豹、虎鲸等，都会对企鹅造成威胁。

在等待小企鹅出世时，父母可能损失体重的40%。小企鹅生下来了，它很怕冷，因为它的脚底板非常薄，踩在冰冷的地面上，会冻得受不了。所以，企鹅妈妈总是把它放在自己的脚背上，用体温来温暖小企鹅。小企鹅出生后眼睛还睁不开，需要父母喂食，大约半年后，才能独立生活。企鹅妈妈非常耐心，它在喂企鹅宝宝时，总是把吃过的食物消化一番后，再返到嘴里，让小企鹅伸到它们嘴里去吃，这样企鹅宝宝吃的食物既容易消化，又利于它们摄取各种养分。

企鹅夫妇爱情专一，基本上实行一夫一妻制。曾有人用十几年时间观察上千只企鹅，发现始终维持原配的达82%。

鹦鹉

人们常说“巧舌如簧”，指的就是会学人说话的、具有美丽羽毛的鹦鹉。鹦鹉是一类很受人们喜爱的鸟，它们有着一身鲜艳漂亮的羽毛，在阳光的照耀下会发出一道道美丽的光泽，飞起来的时候，就像一道迷人的“彩虹”。这样的彩羽的确为它们栖息在热带丛林中提供了最佳保护色。雌性鹦鹉的羽色比雄性鹦鹉丰富、鲜艳。雌性的颜色通常是明亮的红色，而雄性则是绿色。

鹦鹉

鹦鹉圆圆的头上长着一张弯曲有钩的嘴，可以用来嗑开很硬的果实，还可以把自己挂在树上。鹦鹉的爪子极适合爬树，它们的四个趾是相对的，两趾在前，两趾在后，这样它们就能牢牢地抓住树枝。

它能够学人说话的本领也给人的生活带来了很多乐趣，所以很多人都把它当作宠物饲养起来。鹦鹉之所以能学人说话，是因为它们的喉咙里，用来控制鸣叫的肌肉很发达，这让它们能发出很清晰的音调。鸣肌可以有节奏地伸缩自如，调节鸣音，而且鹦鹉的舌头又细又长又柔软。舌头肉质很厚，舌端相当圆滑，发出一些奇特的声音来既轻松又灵活。此外，它们耳朵和支配听觉的中枢神经特别灵敏，反应也非常快。加上鹦鹉天生就喜欢模仿别人的声音，所以经过人类的驯养，它们就能学着人的音调“说话”，甚至“唱歌”了。

非洲有一种灰鹦鹉特别厉害，它能像人一样背单词。不过它们是经过人驯养才有这么多“知识”的，其实它并不能理解人类的语言。

一些鹦鹉也许是由于性情开朗的缘故，竟能活到100岁左右

鹦鹉分布于美洲、澳大利亚和中国南部等地的热带丛林中。它们在树洞和岩洞中安歇。其中非常出名的是虎皮鹦鹉它原产于澳大利亚，目前在世界各国都有饲养。鹦鹉主要食用果实、种子、嫩叶和花蜜，有时还吃昆虫和其他动物的肉。中国最常见而且数量最多的是绯胸鹦鹉，俗称鹦哥，民间广泛饲养。野生种类与八哥、鸦类混群。

鹦鹉当中，寿命最长的要数大鹦鹉了。这种鹦鹉生命力很强，经常比养它们的主人还活得久。看来如果要饲养大鹦鹉的话，应该早早安排它们以后的生活，免得主人去世了，它们没有人照料。

最大的鹦鹉

在南美的玻利维亚和巴西分布着世界上体型最大的鹦鹉——紫蓝金刚鹦鹉。它们的身长可以长到100厘米。但人们为盈利而大量诱捕，已使它们面临严重威胁。

鹦鹉属于鸟类，按理来说应该会飞，但并不是所有的鹦鹉都会飞。有一种地栖鹦鹉是住在澳大利亚的，它们的身体肥胖，行动迟缓，不能像其他同胞一样自由飞翔；还有一种生活在新西兰的夜行鹦鹉也不会飞。

鹦鹉是一种常见的观赏鸟，非常容易驯养。现在也有人把鹦鹉当作宠物养起来，家养的鹦鹉喜欢温暖的环境，它们喜欢吃小米、葵花子什么的，喂食的水一定要清洁。经过训练的鹦鹉，还可以为盲人引路，它站在盲人肩上，可以发出“前进”“止步”“转弯”“红灯”“绿灯”等指令。

犀鸟

犀鸟的外貌非常奇怪，最引人注目的就是那张弯弯的大嘴，看上去就像一个奇形怪状的犀牛角，所以人们叫它犀鸟。犀鸟的头也很古怪，上面长有一个头盔状的突起，叫做盔突。盔突套在犀鸟的大嘴上面，使它们的样子看起来很滑稽，就像一只大笨鸟。

大眼睛上长着粗长的眼睫毛，这是其他鸟类中所少有的。

但如果真的认为犀鸟的大嘴和盔突很笨重，那么就错了。它们的嘴和盔突都是中空的，里面就像一个蜂巢，充满了空隙，所以非常的轻巧。像采食浆果，捕捉老鼠、昆虫，修建巢穴这样的工作，都是由它们的大嘴来完成的。

犀鸟的身形很庞大，它的飞行速度较慢，飞翔时翅膀会发出很大的响声，就像天上飞过的飞机一样。当它们停落在树顶上时，会发出一种响亮而粗粗的鸣叫声，“嘎克—嘎克”而且连续不断，这种声音听起来就像马昂着头鸣叫一样，能传出很远。犀鸟的大眼睛上长着粗长的眼睫毛，这是其他鸟类中所少有的。它们背部的羽毛呈黑色，有绿色的金属光泽，中间夹杂着一些白色羽毛。宽扁的脚趾非常适合在树上的攀爬活动。

犀鸟吃东西时，往往先用嘴将食物向上抛起，然后用嘴准确地接住，再吞下去。它们会在空中捕食小鸟、昆虫等，但它们最喜爱的还是吃带有果浆的食物，所以它们从来不喝水，这是它们特有的习惯。但它们却喜欢淋雨洗澡。

了解犀鸟的人都知道它们有一种奇怪的行为。

每到要繁殖小犀鸟时，它们就会选择一个合适的树洞，让犀鸟妈妈和小宝宝藏在里面，犀鸟爸爸把洞封起来，只留下一个小洞，然后它就出去寻找食物并带回来，犀鸟妈妈和小宝宝就从那个小洞里伸出嘴来吃犀鸟爸爸带回来的食物。这样做，可以防止蛇、猴子等天敌的伤害，因为蛇、猴子都很喜欢吃犀鸟的卵，犀鸟必须严加防范。一两个月后，犀鸟妈妈才把封口打破，带着小宝宝一起出来和犀鸟爸爸团聚。

犀鸟中的“热心肠”当然要数红脸的犀鸟了。它们一般是好几只聚在一起生活，每当它们的同伴中有要“结婚”的，群体中总会有一些热心的帮手，来帮助这对“新郎新娘”一起筑巢。

生物学家曾观察到一幕感人的场面：一只犀鸟飞来飞去，不断衔来食物，喂另一只犀鸟。当时正是严冬，不是哺育幼鸟和求偶季节，究竟是怎么回事呢？他用望远镜才看清，原来被喂食的是一只老犀鸟，不知什么原因，它的下嘴喙断掉了，无法觅食。

犀鸟又被人叫做“多情鸟”，这是缘自它的一个特殊习性。当它们失去自己的伴侣后，犀鸟就会不断地在空中飞翔、鸣叫，不吃不喝，直到自己被活活饿死或累死。

犀鸟科有45种，分布于亚洲和非洲热带森林。中国仅有双角犀鸟、棕颈犀鸟、冠斑犀鸟和白喉犀鸟4种，分布于云南、广西和西藏少数地区。数量稀少，均被列为国家二类保护动物。

棕颈无盔犀鸟

这种犀鸟主要生活在热带、亚热带山地森林中，在树洞内营巢。它们的头上没有像头盔一样结构，所以被称作无盔犀鸟。它们的身体能够长到120厘米。

火烈鸟

如果你有机会到非洲和南美洲去，就有机会看到火烈鸟成群结队在海边漫步的情景。它们喜欢跟很多同伴生活在一起，而且大家很团结。它们的群体当中如果有一只飞向了天空，那么其他的也会一只接着一只飞上天空。大群的火烈鸟在空中飞行好像一片红霞，降落地面好像一片红色的海洋，光耀夺目。

火烈鸟家族

现在世界上共生活着5种火烈鸟。除了大火烈鸟，还有小火烈鸟，它们分布于非洲东部和南部、印度西北部、马达加斯加岛等地。此外，还有分布于秘鲁、乌拉圭、火地岛等地的智利火烈鸟，分布于智利和阿根廷西北部安第斯火烈鸟和分布于秘鲁南部、智利北部、阿根廷西北部的詹姆斯火烈鸟。

火烈鸟除了飞羽是黑色的，几乎全身都是红色的，所以又被叫做红鹤。这是一种体态优美、颜色可人的美丽水鸟。它们的双腿纤细修长，身材高挑，脖子长而柔软，并且能够任意弯曲。全身的羽毛呈粉红色，飞行时，它们扑着翅膀，把长长的脖子和腿伸得笔直，体态十分优雅。

火烈鸟喜欢群居，它们常常几只甚至几十只聚成一个很大的群体，挑选一个三面环水的半岛筑巢居住。火烈鸟比较讲究，它们总是把巢排列得整整齐齐的，在巢与巢之间空出一段距离，中间挖许多小沟，以便与水面相通。它们的巢是用潮湿的泥灰一层层堆起来的，性急的火烈鸟常常不等泥干，就搬到“新居”里面去了。

小小的脑袋，长长的脚、腿和脖子，站立时头颈弯曲成S形。修长的双腿，可以帮助火烈鸟到深水中觅食。大

弯钩一样的喙，可以像筛子那样用来过滤水中细小的食物。火烈鸟的又大又弯的嘴巴，很特殊。它们吃东西的方法也很特别，当火烈鸟站在水边吃东西时，它会弯曲着脖子，头朝下把嘴巴伸进水中，它的钩子嘴有着滤水的功用，它就用灵巧的舌头将水和食物一起吸到嘴巴里，再侧转头部使嘴翻过来，然后有节奏地运动头部，从嘴边流出水和泥。这样，留在它嘴里的就是可以吃的小生物了。

火烈鸟身体的颜色就是跟它们吃的食物有关系。它们之所以是粉红色的，是因为它们喜欢吃水里粉红色的小虾，小虾吃多了，身体也就成了粉红色。如果它们吃不到很多粉红色小虾的话，身体的粉红色就会变成黯淡的灰色。

火烈鸟分布于热带、亚热带温暖地区，以非洲和美洲巴哈马群岛最多，独立后的巴哈马联邦定其为国鸟。火烈鸟有结集大群繁殖的习性。有人在东非盐湖附近看到集群营巢的火烈鸟有 300 万只之多。雌鸟一般产 2 枚蛋，雌雄鸟轮流孵化，30 天左右雏鸟出壳。雏鸟直嘴短腿，浑身绒毛呈白色或灰色，10 天后才开始像父母的模样，经过 65 ~ 70 天的哺育，才独立觅食。

火烈鸟喜欢群居

大火烈鸟是火烈鸟家族中的一种，它们以贝类为食。它们所食用的贝类含有大量类胡萝卜素。类胡萝卜素对各种贝壳类、软体类动物或者蠕虫来说，与它们体内的蛋白质合成有着非常重要的联系。除此之外，螺旋藻也是大火烈鸟每天必吃的食物，它里面含有大量的蛋白质和特殊的叶红素。

鸵鸟

鸵鸟是世界上最大的一种鸟，它们长着细细的脖子，长长的腿和一对大大的翅膀。可是，它们的大翅膀却不能像一般鸟类那样在天空飞翔。生活在沙漠或是热带的大草原上，鸵鸟用健壮有力的长腿行走、奔跑，代替了飞翔。

身为鸟类的一员，却不会用翅膀飞行，但它的这一对大翅膀并不是没有用处的负担，它还有许多其他用途。如果有敌人出现在它们面前，它们就会张开自己的双翅，用巨大的体型和声势吓走它们；如果它们不怕，鸵鸟就可以用张开的双翅保持平衡，快速逃跑。另外，它们的大翅膀还是年幼鸵鸟的“保护伞”，小鸵鸟可以在成年翅膀下遮风避雨。

它们通常可以长到 2.5 ~ 2.8 米高，身长 2 米左右，最大体重可达 172 千克。非洲鸵鸟是世界上最大的鸟，它比大多数人还要高。它们没有羽毛的长颈高高托起鸵鸟的头，

没有羽毛的长颈高高托起鸵鸟的头，有助于它发现在较大范围内出现的敌人。

有助于它发现在较大范围内出现的敌人。强健的长腿除了用于快速奔跑，还是鸵鸟对付敌人的有力武器。

它们的脚上有两个趾，全部向前，这是现代鸟类中独一无二的。有厚厚的肉垫，强健善走，在沙漠里奔跑，不会被热沙烫伤。步子大，一跨就有3米，奔跑起来一跨步有七八米。能以～50千米的时速连续奔跑1个小时，据说最高时速可达90千米。奔跑是鸵鸟逃避敌害最有效的手段。万不得已就用长腿蹬踢，有时可把狮子、豹子蹬出两三米开外。

鸵鸟喜欢成群生活在沙漠荒原中

人们传说鸵鸟如果遇到危险，来不及逃跑的话，就会把身子蜷缩成一团，把头颈平贴在地面上，以为自己什么都看不到就平安无事了。人们把这当做是一种愚蠢而可笑的行为。其实，这是对鸵鸟的一种误会。这样的“造型”对鸵鸟来说，至少有三大好处：第一，隐藏自己。鸵鸟将披着暗褐色羽毛的身子伏在地面上，就像是地上的石头或者灌丛；第二，让平时用于张望的脖颈得到片刻的休息；第三，还可用耳朵贴地探听一下周围的动静。

雄鸵鸟是模范丈夫和慈祥父亲，担当孵蛋、保护雌鸟和幼鸟的任务。鸵鸟蛋一般1.5千克左右，最大的重达2.85千克，是世界上最大的鸟蛋。这些蛋也非常坚硬，即使一个成年人站在壳上面，也不会把它踩破。

在非洲不少国家，人们驯养鸵鸟作为运输工具。它还会放羊，能把离群的羊赶回来；会看家，发现窃贼就高声鸣叫，又啄又踢；还会在脖子上挂着邮包送信；还能作为“运动员”，参加拉车比赛。它们的主要食物是植物果实、种子、茎、叶等，也吃昆虫、蜥蜴、鼠类等。

人们平常说的鸵鸟，是指生活在非洲沙漠、草原的非洲鸵鸟。在南美和澳大利亚还有它的两个兄弟，南美鸵鸟又叫鶆鷞，澳洲鸵鸟又叫鸸鹋。

鸵鸟与水

生活在沙漠里的鸵鸟可以很长时间不用喝水，它们可以直接摄取植物中的水分。但它们还是非常喜欢水的，经常用水洗澡。

鸽子

第二次世界大战期间，英国第 56 皇家步兵旅请求空军支援，以便迅速攻破德军防线。不料陆军 1 000 多名士兵进展神速，很快拿下城池，而通讯却中断了。这时英国空军轰炸机马达隆隆，满载炸弹即将起飞。就在这千钧一发之际，一名叫“格久”的信鸽送来了最新情报，挽救了 1 000 多人的生命。后来，伦敦市长为表彰“格久”的功勋，授予它一枚金质勋章。

鸽子虽然没有美丽的羽毛和动听的歌喉，但它们却是人类最忠实的朋友，只要是人类需要它来传递信息，它一定会认真地、保质保量地完成任务，即使离家再遥远，它们也一定会飞回来的。当今世界上，身体丰满、羽毛浓密的鸽子，是人们一致公认的和平的使者。大画家毕加索还画了一幅以鸽子为内容的《和平鸽》，这幅作品获得了 1950 年的国际和平奖。而在遥远的古代，人们把鸽子看做是爱

鸽子的颈部很长，且转动灵活，可以扩大它的视野，也方便啄取食物。

情的象征；在古巴比伦，鸽子还被人们当成是法力无边的神鸟。

鸽子的记忆力和视力都很好，它们离家再远，也都能够飞回去。它们的视神经由100多万根视神经纤维组成，视网膜有复杂的特殊功能，能看到人们看不到的光波；听觉极其敏锐，能听到几百千米外的低频音。

鸽子的身体呈纺锤形，飞行时，可以减少飞行的阻力。

它们有很强的认路本领。在鸽子的两眼中间，有一块突起的东西，被称作“磁骨”。这个磁骨对地球的磁力很敏感，鸽子可以通过在不同的地方感知不同的地球磁力，来找到自己回家的路。如果在鸽子的身上装上小磁铁和一些小铜片，鸽子就会将自身的磁场和地球磁场混淆起来，从而无法辨别方向，也就不能返回目的地了。

很早以前，人们就发现了鸽子具有辨别方向的本领，于是，人们就常常用鸽子来传递信件。晴天的时候，鸽子还可以把太阳当做“指南针”，根据太阳光的变化来调整飞行的方向。另外，鸽子还可以利用气味来辨别方向呢。经过训练的鸽子，能从很远的地方飞回家，把信件准确地送到主人的手里。鸽子的外表虽然不引人注意，却是人类最可敬的“信使”。

但并不是所有的鸽子都可以送信，有种叫“点斑鸽”的野鸽就不会送信。这种鸽子翅膀上长满了一些像雪花似的斑点，看上去很漂亮，它常常竖起自己身上丰满的羽毛，骄傲地向同伴们炫耀。

鸽子的颈部很长，且转动灵活，可以扩大它的视野，也方便啄取食物。鸽子的身体呈纺锤形，飞行时，可以减少飞行的阻力。鸽妈妈的生育能力很强，它们每年可以生下10窝小鸽子。鸽妈妈在养育小鸽子时，会用从嗉子中分泌的鸽乳来喂养小宝宝。

鸽子分为原鸽、家鸽和岩鸽。原鸽又名野鸽，分布于欧洲、北非和中亚，中国仅见于新疆。灰色，翅膀上有黑色横斑，栖息于悬崖峭壁和高层建筑上，结群活动。岩鸽又名石鸽，广布于亚洲和欧洲，中国多见于东北和西北，在岩缝间筑巢。家鸽由原鸽驯化而来，品种极多，一般分为信鸽、肉用鸽和玩赏鸽。鸽子善于飞行，时速可达100多千米，瞬间最快时速近300千米，在鸟类中仅次于游隼。1971年有一只信鸽从德国汉诺威飞往澳大利亚昆士兰，飞行了1.6万千米。

嗉子

嗉子是鸟类消化器官的一部分，长在食道的下部，看起来像个袋子，是用来储存食物的。

信天翁

常年远洋航行的海员，常常可以看到一种大型海鸟——信天翁。它们喜欢追逐轮船成群地滑行，在桅杆上方悠闲地盘旋，像护航的机群，即使追随数千里也不离去。海员偏爱信天翁，远在帆船时代就传说，信天翁身上附托着死去水手的灵魂，不愿离开自己的伙伴。

飞行对信天翁来说是一件简单而快乐的事情，甚至可以一边飞行一边睡觉。人们可以看到，它们的身形很大，身体也很重，所以它们不能够在原地起飞。如果要起飞的话，必须向前助跑很长一段距离。

信天翁可以说是鸟类中杰出的“飞行家”。它们成年累月在大海上空飞行，但却不像其他鸟那样不停地振动双翅飞翔，它们只需借助海上的强风便可像一架“滑翔机”一样在天空自由地滑翔，即使没有风，它们也可以利用海浪推动产生的气流在空中飞行。

信天翁由于太重，需要借助强风才能逆风起飞，亦因此它们爱在风势较大的山坡上筑巢。

信天翁的翅膀长而窄，一展开来相当于身体的 3 倍，适合在海面上自由滑翔。它们体长 1 米多，翅膀又窄又长，翼展 2 ~ 3 米，最长可达 3.63 米。洁白的羽毛，玫瑰红色的喙，飞起来姿态轻盈、优美。越是狂风巨浪的天气，越能充分利用气流飞行；风平浪

静时，靠翅膀却无法支撑沉重的躯体，只好浮在海面上。信天翁以鱼、虾、鱿鱼、浮游生物为食，也吃海员抛下来的食物。长而弯曲的喙方便叼住像鱿鱼、乌贼、虾这样的小动物。

信天翁可能是南大洋上最为人熟知的海鸟

信天翁散热的方式很奇特。它全身上下只有长着趾甲的脚掌是裸露在外边的，信天翁就是利用脚掌来散热的。当它的脚掌吹到凉凉的海风时，身体的温度就会下降，它也就凉快下来了。

它们大半生在海洋上度过，只是在繁殖时才飞到陆地、海岛。它们有自己一套有趣的结婚仪式。它们首先是用喙对着相互亲吻，然后一起伸长脖子仰望着天空，接着再展开一边的翅膀，向对方低头，最后，当它们昂着头、抬起脚、展开双翅的时候，就表示两只信天翁的结婚仪式已经完成了。

雌鸟每次只产一个蛋，重 400 克，夫妻俩共同孵化、哺育。雏鸟出生后吃得多，成长得慢，一般 10 个月后羽毛才丰满，开始学飞。通常漂泊 8 ~ 10 年后，才像父母一样飞到陆地或海岛生儿育女。

现在世界上一共有 14 种信天翁，世界上现存信天翁 14 种，最常见的是北太平洋的短尾信天翁，分布于北美太平洋沿岸、白令海、堪察加半岛、日本和中国沿海。还有南美南端和新西兰的王信天翁、北大西洋的黑肩信天翁。在南大西洋靠近南极圈附近生活着一种漂泊信天翁。这种海鸟一生都在海上漂泊，它们展开翅膀，能在强劲的海风中滑翔好几个小时。有时候，它们会跟着海上的船只飞过很大一片海洋。

信天翁的寿命

在鸟类王国，信天翁算得上是寿命很长的鸟类了。这种大型海鸟的平均寿命为 50 ~ 60 岁。有一种王信天翁，算得上是寿命最长的环志海鸟，它的寿命可达 60 余年。

隼

隼是飞得最快的一种鸟，它就是利用自己的飞行速度来捕食的。很多鸟、鸦都是丧命在它们的速度之下。隼在展开猎捕行动时，会采用俯冲的方式，它们将身体收合起来，形成一个子弹的形状，飞快地把猎物撞落在地面上，然后再抓起被撞昏死过去的猎物，美美地饱餐一顿。

隼的头很小，翅膀末端呈尖形，这种体型非常适于捕获猎物。它们拥有强壮的腿、锐利的趾爪、极好的视力与速度，一旦发现猎物，就猛扑过去，将它们踢死。隼的嘴巴又粗又坚硬，前端还是钩形的，很适合撕裂、折断猎物的肉和骨头。

隼的家族成员在捕起猎来又快又准又狠，很多同类都怕它们。可是隼却害怕人类，因为人类大量使用各种农药，使它们的食物受到污染，导致它们的身体越来越差。这些直接影响了隼的繁育生殖，有时候，隼宝宝刚生下来就死了。现在，隼家族的成员是大大减少了。

有一种形体小巧的灰背隼，被称为“女士之隼”。在一些国家，有的女士还经常带着自己养的灰背隼去教堂呢。灰背隼以不规则的路线飞行，发现猎物就以全部的速度出击。红隼的飞行特别有技巧，它经常逗留在空中的一个定点上飞翔，这种飞行方式称作“悬飞”，虽然这样比较辛苦，但能使它监视到草丛里正在移动的猎

隼有适于捕获猎物的体型：头很小，翅膀末端呈尖形。

物。红隼发现目标后，会先慢慢下降，然后猛扑过去把猎物抓住。燕隼的视觉非常敏锐，它能在光线很微弱的地方捕食蝙蝠、蜻蜓这样的昆虫，捕到猎物后它还能在飞行中将它们吃掉。

游隼也是隼家族的成员，它捕食时会快速飞过鸟类的头顶，再快速俯冲下去，用脚撞击猎物，然后反转身体抓住掉落的猎物，并将它带走。如果游隼抓到一只野鸡当晚餐的话，它只会吃肥嫩的鸡胸肉，而把剩下的鸡肉留给别的动物，并且它在吃之前，会先拔掉野鸡的羽毛。

游隼号称是空中飞行最快的鸟，它的时速可以达到360千米，超过某些飞机的速度。它们广泛地分布于全世界，现在数量已经很稀少了。游隼喜欢栖息在岩石、树林里，经常可以看见它们在空中疾飞，掠捕野鸭等鸟类为食。

一旦发现猎物，游隼会突然加速，贴近猎物时迅速地伸出强健的脚掌，狠击猎物的头部、背部，当猎物被击昏或击毙从高空翻滚坠落时，游隼会快速轻盈地跟着猎物下降，在半空中把猎物抓走。它们的力量极大，有时竟会打破乌鸦的头或是在苍鹭背上打出一个鸡蛋大的洞。

隼有强壮的腿、锐利的趾爪、极好的视力与速度，一旦发现猎物，就猛扑过去，将它们踢死。

游隼的个头和乌鸦差不多，背部多呈蓝灰色，腹部是白色或黄色，上面有黑色的条纹。它们喜欢在靠近水边的悬崖峭壁上筑窝。一窝产2～4个红褐色的蛋，小鸟在孵化5～6个星期后出壳。游隼孵蛋是轮流进行的，因为，在孵蛋的过程中温度必须保持恒定，一旦出现停止的情况，鸟蛋可能就永远也孵不出小鸟了。所以夫妻俩总是轮流捕食，轮流坐窝，它们还经常把蛋翻过来，以使每个部位都能够达到温度。蛋中的小游隼孵化以后，会用长在喙尖的特别的“牙齿”啄破蛋壳。出生几天以后，它们的这个牙齿就会消失。蛋中的小游隼孵化以后，会用长在喙尖的特别的“牙齿”啄破蛋壳。出生几天以后，它们的这个牙齿就会消失。

侏儒隼

有一种侏儒隼身高只有约15厘米，是隼家族里最小的一员，与那些凶猛的“亲戚”相比，它只能靠捕食小型动物为生。

戴胜

戴胜有着很奇特的外形：长长的往下弯的嘴，头上戴着又大又长的羽冠，展开后，好像一把美丽的折扇；黑白相间的翅膀；全身还披着灰黄色的“大斗篷”。它们看起来就像是威严的印第安首领。其实，戴胜可是田园中的“除害专家”，有些用农药也杀不死的害虫，戴胜可以很轻松地让它们消失。

“田园卫士”的美名固然好听，但是也有人把它们叫做“棺材鸟仔”。因为有些人看到过戴胜在荒野和墓地附近寻食，以为它们在吃坟墓里的尸体，因此认为它们是一种不吉祥的鸟，所以给它们起了那样一个难听的外号。其实，戴胜常常去那些地方，也是为了寻找可以吃的虫子。它们独有的长长的尖嘴能钻入地下或者腐烂的棺木中，将里面的虫子一只只掏出来，并非是在吃死人。

戴胜有着鲜艳的羽冠，可以像孔雀开屏那样打开。它们的嘴细长而弯曲，能伸入地下啄食虫子。它们主要以地下昆虫、蚯蚓、蜗牛等为食，偶尔也吃嫩草芽和嫩树叶。体色和黑白相间的斑纹，可以使它与周围的环境融成一体，起到保护自己的作用。

戴胜的嘴细长而弯曲，能伸入地下啄食虫子

为了很好的保护自己和自己的巢穴，戴胜常常在自己的巢中堆满脏东西，把巢穴弄得臭气冲天，不仅如此，它们身上还会分泌出一种体液，也是臭的。它们的敌人闻到这种刺鼻的臭味，老远就跑开了。特别是雌鸟在孵卵期间，能从尾脂腺分泌出一种特别臭的黑棕色液体。

戴胜鲜艳的羽冠，可以像孔雀开屏那样打开。

戴胜虽然会分泌臭臭的体液，但却是非常注意个人卫生的鸟类。它们偶尔会找一块布满细沙的软沙地，挖个可以容身的小坑，将身体埋入沙堆中进行“沙浴”。这种方法，不但可以利用沙粒的摩擦除去身上的死皮，还可以除掉藏在羽毛间的讨厌的寄生虫哦。

戴胜最引人注目的地方恐怕要数头顶上那个会开屏的羽冠了。它们的羽冠有警示、展现、示威的功用。当它们受到惊吓、发现有危险、寻找伴侣或者发生争斗时，绚丽的羽冠都会打开。戴胜的叫声并不好听，但在它们发出声音时，会边叫边上下点头，羽冠也会随着节奏一开一合的，看上去非常有意思。

绿林戴胜长着一条长长的带状尾，天性活泼，喜爱热闹。同伴间常会相互炫耀，有些还会“表演”快速而夸张的鞠躬动作，活泼地上上下下弯曲尾羽。它们还特别喜欢“帮助别人”，如果哪位戴胜妈妈要出去寻找食物，其他的成员就会主动而热情地帮忙照顾它的宝宝。

弯嘴林戴胜可能是戴胜中最重视“夫妻”感情的一种。它们非常恩爱，常常是“夫妻”成对地生活在林地或开阔的灌木丛中。它们体型修长，其鸣叫声好似人类的口哨声。

有名的益鸟

戴胜是有名的食虫鸟，它们能够帮助人类捕食大量的金针虫、蝼蛄、行军虫、步行虫和天牛幼虫等害虫，大约占到它总食量的88%。在保护森林和农田方面有着较为重要的作用。

白头海雕

1782年6月20日，美国国会号召国民树立保护鸟类的意识，确定白头海雕为国鸟。这是第一个被通过立法形式确定的国鸟。白头海雕是世界上非常出名的一种鸟，在美国，它有着非常尊贵的身份，是美国的“国鸟”，被视为美国的标志和象征。

白头海雕有一身独特的羽衣。对一种靠飞翔生存的动物来说，让羽毛保持良好的状态是至关重要的。白头海雕每天都要花费大量的时间清洗保养自己的羽毛。

当时，在美国居住的白头海雕的数量一天天在减少。原因就是人类乱捕滥杀以及大量使用农药，白头海雕想存活下去很艰难。美国政府意识到了这一点，通过决议，将白头海雕列为“国鸟”，这样既保护了这些鸟儿的安全，又树立了爱鸟、护鸟的榜样。但白头海雕却不具有与它身份相应的高雅品性，它们喜欢吃腐肉，所以有人说它并不适合做国鸟。

白头海雕因为头部为纯白色而得名，白尾海雕则是因为白色的尾部而得名。它们通常生活在有许多岩石的海岸上，它们习惯沿着海岸捕食腐烂的尸体，有时也会从水中捕捉一些鱼和鸟类。

白头海雕的身形很大，全身呈褐色，头颈部、尾的羽毛都呈白色。它们的爪子尖锐有力，捕捉猎物时抓紧猎物非常方便。它们的足趾长15厘米，三个在前，一个在后，足趾顶端的利爪长而弯曲，锋利如刀，能紧紧抓住黏滑的鱼。视力极佳，能从几百米高空分辨浅层水域的猎物，俯冲袭击时疾如闪电，有“空中猛狮”之称。

白头海雕的足非常强壮，可以用来捕杀猎物。

它们大多以鱼类为食，偶尔也会攻击浮在水面上的鸭子。白头海雕攻击水鸭时非常精彩：它们通常会从高空中突然飞下来，瞄准水鸭，用脚趾紧紧抓住后，再用翅膀拍着水面慢慢拖向水边。一旦离开水面，它们就会享用美餐，但如果巢穴里还有小雕的话，它们则会把水鸭撕成好多块，然后用爪子一块块地抓紧，飞回去喂自己的小宝贝。

白头海雕有一副中空的骨架，整个骨架的重量还没有它羽毛重量的一半。它们的骨骼中充满了空气，非常轻薄。这些骨有很多是凝聚或联结在一起的，这使得它们非常结实，在飞翔的时候可以很好的托举它们。

这种鸟通常都会把自己的家建筑在山顶高高的树枝上。它们经常都是雄鸟和雌鸟一起成双成对的出入，虽然雄鸟的体型比雌鸟的小，但要是它们遇上了“强盗”，白头海雕夫妇就会齐心协力地对付它们的敌人。

和大多种猛禽一样，雌雕个头比雄雕大，翼展可达 2.3 米，而雄雕只有 1.8 米。这是因为雌雕块头大能更好守护蛋、雏雕和巢穴；雄雕体小便于翱翔，巡视地盘。白头海雕骨架中空，羽毛丰满，尾部能分泌一种油状液腺，通过疏理羽毛，保持羽毛整洁。平时忙于筑巢哺育雏雕，冬季常群居在食物丰盛的海岛、河畔水域，也是年轻成年雕寻偶的时机。雌雕每次产蛋 1 ~ 4 枚，每枚重 110 ~ 130 克。夫妻轮流孵蛋，32 ~ 35 天小雕出壳，重约 70 ~ 100 克。3 周后重约 2.3 千克。10 ~ 12 周左右与成雕体重差不多，达到 5 千克，羽毛渐丰，开始学飞。再过 6 ~ 10 周，就离开父母，开始闯荡世界进行独立生活。

海鸥

海鸥是人类最熟悉的一种海鸟。人类把它们分为两个种群，一种是黑头的海鸥，它们体型较小；另一种是头部和身体颜色都呈现灰白色的海鸥。

金雕

很多国家都喜欢选出一种鸟，作为国家的代表和象征。像美国，他们的国鸟是“白头海雕”，而墨西哥则选了“金雕”作为国鸟。金雕是一种很强健很凶猛的鸟，它因为头部和颈部长着金色的羽毛而得名。

既然是雕，金雕自然少不了钩子形状的嘴巴和尖尖的利爪，这些是它们捕猎的时候使用的工具。它们的身体和翅膀的羽毛为深棕色，头部和颈部披着古铜色闪光的羽。它们的尾羽长而圆，是灰褐色的，上面长着斑纹。金雕翅膀下面具有白斑，飞翔时非常明显。金雕的腿上也长有羽毛，脚是三趾向前，一趾朝后，趾上都长着又粗又长的利爪。

金雕有一双非常巨大的翅膀，很多动物都斗不过它，说它是“空中霸王”一点都不过分。金雕抓捕起猎物来十分凶猛，它的爪子能够像一把锋利的刀子一样刺进猎物的身体，撕裂它们的血管，有时还会扭断猎物的脖子。巨大的翅膀也可被金雕

金雕的尾羽长而圆，是灰褐色的，上面长着斑纹。

当作有力的武器，如果它的一只翅膀扇过去，就可以把猎物击倒在地。它们的视力极好，能从高空 500 米处发现地面上的猎物。它有一双比人类大得多的瞳孔，视网膜也比人类的视网膜厚 2 倍。

金雕的身体和翅膀的羽毛为深棕色，翅膀下面具有白斑，飞翔时非常明显。

金雕的捕猎方法很有特点。它们在空中一会儿飞得快，一会儿飞得慢，看上去很悠闲的样子，但它们的视力非常好，能够看清地面上的猎物。但发现了猎物，它会突然加快速度向地面俯冲下去，伸出双脚把它们捉住。金雕可以在草原上长距离地追逐狼，等狼疲惫不堪时，一爪抓住其脖颈，一爪抓住其眼睛，使狼丧失反抗的能力。曾经有过一只金雕先后抓狼 14 只的纪录。

金雕的负重能力还不到 1 千克。在捕到较大的猎物时，先在地面将其肢解，先吃掉好肉和心、肝、肺等内脏部分，然后再将剩下的分批带回“家”。

别看金雕那么凶，它也有自己细心的一面。金雕通常将巢筑在高高的大树或悬崖峭壁上，它的巢是由树枝堆积而成的，里面铺着细小的树枝或松软的草，居住起来很舒适。每当暴风雪过后，它都要仔细地检查自己的巢。在这个时候，金雕还会再新修建两三个巢。它们是怕自己的孩子生下来没地方住。

在北美洲，从墨西哥开始就一直有金雕的分布，沿着太平洋沿岸地区一直到洛基山脉都是金雕的栖息地。这个分布带一直延伸到了阿拉斯加北部和纽芬兰。同时，在阿巴拉契亚山脉向南方的北卡罗来纳州，也有少量的金雕栖息在那里。非洲北部也有金雕栖息。在欧洲，挪威、苏格兰、西班牙、阿尔卑斯山、意大利和巴尔干半岛等地，还有人在饲养金雕。

在西班牙这个国家，金雕有个好听的称呼，叫“雕中之王”，但它们的数量已经不多了。生活在那里的另一种金雕，头部和肩膀是灰色的，翅膀的边上是银白色的，这种金雕全世界就只剩下 70 对了！中国也有金雕，不过数量也不是很多，所以它们在中国被列为“国家一级保护动物”。

金雕的繁殖

金雕的蛋有白色，也有褐色的。雌金雕一次大约可以产下 1 ~ 4 枚蛋。它们与雄金雕一起轮流孵化，在大约 40 ~ 45 天后，小雕就会破壳而出。大约在经过 3 个月，小雕才开始长羽毛。

鸸鹋

鸸鹋油

鸸鹋油就是鸸鹋体内的脂肪，最初人们用它来治愈外伤和烧伤。后来经过研究发现，鸸鹋油具有促进皮肤组织的新陈代谢，促进毛细血管的血液循环，增强皮肤细胞组织的活性等作用。

在澳大利亚国徽上，左边是一只袋鼠，右边是一只鸸鹋，可见澳大利亚人对鸸鹋的喜爱。这种动物有着和鸵鸟相似的外形，头部羽毛稀少，呈暗棕色。身高有 1.5 ~ 1.7 米，体重 50 ~ 60 千克，也被称作澳洲鸵鸟。鸸鹋的蛋也和鸵鸟蛋一样坚不可摧、不易打碎，又不易煮熟。有人做过实验，要煮熟一只鸸鹋蛋，至少要花一个小时的时间。

它和鸵鸟一样有着惊人的奔走本领，每小时能跑 50 千米以上。假如遇到劲敌，它迈开两只高跷式的长腿，一步便能跨出一两米。它甚至跑得比鸵鸟还快，时速可达 80 ~ 100 千米，有“高速长跑运动健将”的美称。它也同样具有鸟类的双翅，但同鸵鸟一样已完全退化，无法飞翔。不过它能泅水，可以从容渡过宽阔湍急的河流。

它们是除了非洲鸵鸟外世界上现存的第二大鸟。仔细观察可以发现鸸鹋与鸵鸟的不同之处；鸸鹋个头比鸵鸟小些；颈部羽毛丰富，不像鸵鸟几乎是光秃秃的；毛色比鸵鸟浅，由灰、褐色羽毛相间构成，比较松散；腿也很长，但

鸸鹋喜爱生活在草原、森林和沙漠地带，全身披着褐色的羽毛，擅长奔跑，时速可达 70 千米，并可连续飞跑上百千米之遥。

比鸵鸟短些。

鸸鹋它高兴的时候，发出“而苗——而苗”的叫声，因而得名。这也是人们区分雌雄鸸鹋的标准。雌雄鸸鹋长得十分相像，让人很难辨其性别，经过仔细观察，后来人们发现，只有雄鸸鹋才会发出“而苗”的叫声。

鸸鹋很友善，若不激怒它，它从不啄人。当有汽车在公路边停下来时，鸸鹋毫无戒备，反而会大摇大摆地踱步而来，争抢着把头伸进车窗，一是对你表示亲近，二是希望你能给点好东西吃。

两只成年雄鸸鹋之间有“势力范围”之争。假如一只侵犯了另一只的领地，入侵者会遭到对方的报复，它用自己的利爪竭力去抓对方的胸部。

鸸鹋是一种大型、不会飞的澳大利亚鸟。

在鸸鹋生活的区域，很少看到独自行走的鸸鹋。它们或许出双入对，或许三五成群的在一起。鸸鹋生活在澳大利亚和塔斯马尼亚岛的草原、丛林和半沙漠地区，以野果、树叶、杂草为食，有时也捕食昆虫。3 岁的鸸鹋就已经到达自己的成熟期了，它们会在每年 11 月到第二年的 4 月繁殖自己的后代。雌鸸鹋一次会产下 7 ~ 15 枚卵。雄鸟是模范丈夫和慈祥父亲，承担筑巢、孵卵的艰巨任务，而雌鸟什么都不管。58 ~ 61 天孵卵期间，雄鸟不吃任何东西，直到雏鸟出壳。每次孵化后，雄性体重会降低许多，雏鸟出壳后，仍由父亲照料近 2 个月。

19 世纪中期以前，澳大利亚袋鼠岛上还生存过一种小鸸鹋，样子和现代鸸鹋差不多，但身高只有 0.6 ~ 0.8 米，重 20 ~ 25 千克，所以又叫矮鸸鹋。后来由于人类闯入，破坏了它们的生存环境和大肆被捕杀，已于 1832 年灭绝了。

图书在版编目（CIP）数据

动物的故事 / 田雨编. —合肥：安徽科学技术出版社，2012.3
（中小学生最爱的科普丛书）
ISBN 978-7-5337-5595-9

Ⅰ. ①动… Ⅱ. ①田… Ⅲ. ①动物－普及读物 Ⅳ. ①Q95-49

中国版本图书馆 CIP 数据核字（2012）第 052700 号

动物的故事 田雨 编

出 版 人：黄和平 责任编辑：吴 夙 封面设计：李 婷
出版发行：时代出版传媒股份有限公司 http: //www.press-mart.com
安徽科学技术出版社 http: //www.ahstp.net
（合肥市政务文化新区翡翠路 1118 号出版传媒广场，邮编：230071）
印 制：合肥杏花印务股份有限公司

开本：720×1000 1/16 印张：10 字数：25 万
版次：2012 年 3 月第 1 版 印次：2023 年 1 月第 2 次印刷

ISBN 978-7-5337-5595-9 定价：45.00 元